普通高等院校"十四五"计算机类专业系列教材

数据结构实训案例教程

李 兰 张 艳 刘庆海 ◎ 编著

中国铁道出版社有限公司
CHINA RAILWAY PUBLISHING HOUSE CO., LTD.

内 容 简 介

本书是《数据结构》（李兰、刘庆海、张艳编著，中国铁道出版社有限公司出版）的配套实训案例教程，针对高等院校应用型本科计算机专业编写。依照主教材的章节架构，本书分为三部分：第一部分首先给出主教材中每一章的知识体系、学习指南、内容提要，然后根据相关知识点设置了若干验证性、设计性和综合性的实训案例，以培养学生运用理论知识解决实际问题的能力；第二部分为针对主教材各章知识点的习题及参考答案；第三部分是模拟试题及参考答案，可帮助学生检验和巩固理论知识。

本书适合作为普通高等院校应用型本科计算机专业"数据结构"课程的实训指导教材，也可作为信息类相关专业的实训指导教材，还可以供计算机自学人员学习参考。

图书在版编目（CIP）数据

数据结构实训案例教程/李兰，张艳，刘庆海编著.—北京：
中国铁道出版社有限公司，2023.9
普通高等院校"十四五"计算机类专业系列教材
ISBN 978-7-113-30334-1

Ⅰ.①数… Ⅱ.①李… ②张…③刘… Ⅲ.①数据结构-高等学校-教材 Ⅳ.①TP311.12

中国国家版本馆 CIP 数据核字（2023）第 113724 号

书　　名：	数据结构实训案例教程
作　　者：	李　兰　张　艳　刘庆海
策　　划：	刘丽丽
责任编辑：	刘丽丽　彭立辉
封面设计：	尚明龙
责任校对：	苗　丹
责任印制：	樊启鹏

编辑部电话：（010）51873202

出版发行：中国铁道出版社有限公司（100054，北京市西城区右安门西街 8 号）
网　　址：http://www.tdpress.com/51eds/

印　　刷：河北京平诚乾印刷有限公司
版　　次：2023 年 9 月第 1 版　2023 年 9 月第 1 次印刷
开　　本：787 mm×1 092 mm　1/16　印张：12　字数：298 千
书　　号：ISBN 978-7-113-30334-1
定　　价：34.00 元

版权所有　侵权必究

凡购买铁道版图书，如有印制质量问题，请与本社教材图书营销部联系调换。电话：（010）63550836
打击盗版举报电话：（010）63549461

前言

"数据结构"是高校计算机相关专业的核心课程之一,许多高校都开设这门课程。然而,编著者在"数据结构"实际教学过程中,发现学生欠缺解决实际问题的能力。解决这一问题的有效途径就是加强实践环节,通过实训案例提升学生的学习兴趣,培养学生如何正确判断和选择什么是最佳的数据结构和算法,以提高学生对算法时间和空间复杂度的认识。只有让学生亲自动手解决一些具体问题,才能帮助学生建立抽象思维和处理数据的能力。

本书是《数据结构》(李兰、刘庆海、张艳编著,中国铁道出版社有限公司出版)的配套实训案例教程,内容分为三部分。

第一部分:学习指导与案例,依据主教材的章节架构,设置9章内容,包含主教材中每一章的知识体系学习指南、内容提要和实训案例。每一章的实训案例根据相关知识点分为验证性实训案例、设计性实训案例和综合性实训案例。在实训案例的设计中,采用面向对象的编程方法,以体现数据结构中数据组织和数据处理的思想。其中"学习指导"包括:线性结构的定义、组织形式、结构特征和类型说明,以及在两种存储方式下实现的插入、删除、查找的算法,循环链表、双(循环)链表的结构特点和在其上的插入、删除等操作,树状结构(二叉树的二叉链表存储方式、结点结构和类型定义、二叉树的基本运算及应用),图状结构(图的存储结构的表示方法),查找(顺序查找、树表查找、散列表查找的基本思想及存储、运算的实现),排序(插入排序、冒泡排序、快速排序、直接选择排序、堆排序、归并排序和基数排序的基本思想及实现),以及数组和字符串的操作。这部分突出实训重点,培养学生应用理论知识解决实际问题的能力。

第二部分:习题与参考答案,内容包括主教材九章内容对应的习题及参考答案。

第三部分:模拟试题与参考答案,结合"数据结构"考研试题要求,检验和巩固理论知识。

为鼓励读者自主完成习题、模拟试题的练习,第二、三部分的参考答案将以电子档形式提供,读者可在教材相应标题处扫码二维码查看,或在中国铁道出版社有限公司的教学资源平台(http://www.tdpresscom/5leds/)下载。

数据结构的思想和原理是不依赖于编程语言的,但对于每一种抽象概念的具体实现和应用则需要一种编程语言作为载体。对于要解决的同一个问题,由于所采用的数据结构可能不同,所选择的计算方法(即算法)可能不同,编写出的程序就可能不同,但只要程序正确并且有效(即具有较好的时间和空间复杂度)即可。因此,每个人按照习题编写出的算法程序不要求与本书所给的解答完全一致，具有更好的性能即可。

本书具有如下特点：

（1）给出了 Dev C++ 5 环境下调试通过的范例程序（可在中国铁道出版社有限公司教学资源平台 www.tdpress.com/51eds/下载），以便于学生在学习相关内容后自行上机实验。

（2）实训案例的设计注重培养学生应用数据结构解决实际问题的能力，同时录制了讲解视频，读者可扫描书中二维码观看。

本书由李兰、张艳、刘庆海编著，其中第 1、2、9 章由李兰编著，第 5、6 章及模拟试题、实训案例由张艳编著，第 3、4、7、8 章由刘庆海编著，张艳对本书的程序做了编辑和调试。全书由李兰统稿。

由于时间仓促，加之编著者水平有限，书中难免存在疏漏与不妥之处，恳请专家和读者批评指正。

编著者

2023 年 5 月

目录

第一部分　学习指导与案例

第1章　绪论 ········· 2
- 1.1 知识体系 ········· 2
- 1.2 学习指南 ········· 3
- 1.3 内容提要 ········· 3

第2章　线性表 ········· 5
- 2.1 知识体系 ········· 5
- 2.2 学习指南 ········· 5
- 2.3 内容提要 ········· 6
  - 2.3.1 线性表 ········· 6
  - 2.3.2 线性表的顺序存储 ········· 6
  - 2.3.3 线性表的链式存储 ········· 7
- 2.4 实训案例概要 ········· 7
  - 2.4.1 验证性实训 ········· 7
  - 2.4.2 设计性实训 ········· 16
  - 2.4.3 综合性实训 ········· 19

第3章　栈和队列 ········· 23
- 3.1 知识体系 ········· 23
- 3.2 学习指南 ········· 24
- 3.3 内容提要 ········· 24
  - 3.3.1 栈 ········· 24
  - 3.3.2 队列 ········· 25
- 3.4 实训案例概要 ········· 25
  - 3.4.1 验证性实训 ········· 25
  - 3.4.2 设计性实训 ········· 31
  - 3.4.3 综合性案例 ········· 37

第4章　串 ········· 43
- 4.1 知识体系 ········· 43
- 4.2 学习指南 ········· 43
- 4.3 内容提要 ········· 43
  - 4.3.1 串的定义 ········· 43
  - 4.3.2 串的存储结构 ········· 44
  - 4.3.3 串的模式匹配运算 ········· 44
- 4.4 实训案例概要 ········· 45
  - 4.4.1 验证性实训 ········· 45
  - 4.4.2 设计性实训 ········· 48

第5章　数组和广义表 ········· 51
- 5.1 知识体系 ········· 51
- 5.2 学习指南 ········· 51
- 5.3 内容提要 ········· 52
  - 5.3.1 数组 ········· 52
  - 5.3.2 矩阵的压缩存储 ········· 52
  - 5.3.3 广义表 ········· 52
- 5.4 实训案例概要 ········· 53
  - 5.4.1 验证性实训 ········· 53
  - 5.4.2 设计性实训 ········· 63

第6章　树和二叉树 ········· 64
- 6.1 知识体系 ········· 64
- 6.2 学习指南 ········· 65
- 6.3 内容提要 ········· 65
  - 6.3.1 树 ········· 65
  - 6.3.2 二叉树 ········· 66
  - 6.3.3 哈夫曼树、哈夫曼编码 ········· 67
- 6.4 实训案例概要 ········· 68
  - 6.4.1 验证性实训 ········· 68
  - 6.4.2 设计性实训 ········· 80
  - 6.4.3 综合性实训 ········· 84

第7章　图 ········· 88
- 7.1 知识体系 ········· 88
- 7.2 学习指南 ········· 88
- 7.3 内容提要 ········· 89

7.3.1 图 ………………………………… 89
7.3.2 图的遍历 ……………………… 89
7.3.3 最小生成树 …………………… 90
7.3.4 最短路径 ……………………… 90
7.3.5 拓扑排序 ……………………… 90
7.3.6 关键路径 ……………………… 91
7.4 实训案例概要 …………………………… 91
7.4.1 验证性实训 …………………… 91
7.4.2 设计性实训 …………………… 98
7.4.3 综合性实训 …………………… 108

第8章 查找 ……………………………… 110
8.1 知识体系 ………………………………… 110
8.2 学习指南 ………………………………… 110
8.3 内容提要 ………………………………… 111
8.3.1 顺序表的静态查找 …………… 111
8.3.2 树表的动态查找 ……………… 112
8.3.3 哈希表查找 …………………… 114
8.4 实训案例概要 …………………………… 115
8.4.1 验证性实训 …………………… 115
8.4.2 设计性实训 …………………… 121
8.4.3 综合性实训 …………………… 124

第9章 排序 ……………………………… 131
9.1 知识体系 ………………………………… 131
9.2 学习指南 ………………………………… 132
9.3 内容提要 ………………………………… 132

9.3.1 插入排序 ……………………… 132
9.3.2 交换排序 ……………………… 132
9.3.3 选择排序 ……………………… 133
9.3.4 归并排序 ……………………… 133
9.3.5 基数排序 ……………………… 133
9.3.6 外部排序 ……………………… 133
9.4 实训案例概要 …………………………… 133

第二部分 习题与参考答案

一、习题 ………………………………………… 142
第1章 绪论习题 ……………………… 142
第2章 线性表习题 …………………… 144
第3章 栈和队列习题 ………………… 148
第4章 串习题 ………………………… 152
第5章 数组和广义表习题 …………… 154
第6章 树和二叉树习题 ……………… 158
第7章 图习题 ………………………… 161
第8章 查找习题 ……………………… 164
第9章 排序习题 ……………………… 167

二、习题参考答案 ……………………………… 172

第三部分 模拟试题与参考答案

一、模拟试题 …………………………………… 174
二、模拟试题参考答案 ………………………… 185

第一部分
学习指导与案例

绪 论 ⋘

1.1 知识体系

知识体系如图 1-1-1 所示。

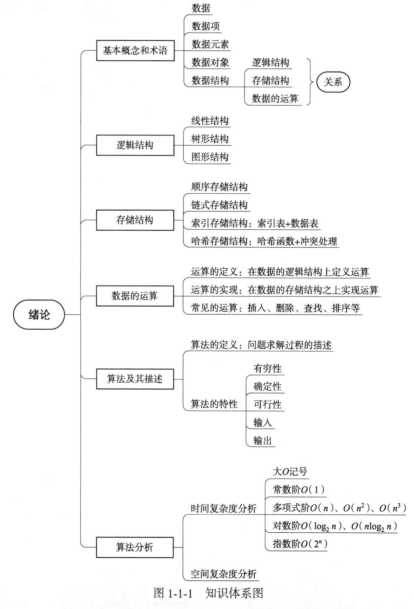

图 1-1-1 知识体系图

1.2　学习指南

（1）掌握数据结构的常用术语、基本概念以及学习数据结构的意义。

（2）理解和掌握线性结构、树形结构和图形结构等常用的数据结构，掌握评价算法的一般规则以及算法描述和分析的方法。

（3）本章重点是理解数据的逻辑结构、存储结构以及数据运算三个方面的概念及相互关系。难点是算法时间复杂度和空间复杂度的分析方法。

1.3　内容提要

（1）数据结构研究的是数据的表示和数据之间的关系，一般包括数据的逻辑结构、数据的存储结构和数据运算三个方面。数据之间的关系即数据的逻辑结构，它反映了客观世界事物之间的联系。数据的逻辑结构分为线性结构、树形结构和图形结构，树形结构和图形结构统称为非线性结构。数据的存储结构分为顺序存储结构、链式存储结构、索引存储结构和哈希（散列）存储结构。由它们的组合可以构成任何更为复杂的存储结构。从理论上讲，任何一种数据的逻辑结构都可以用任一种存储结构来实现。数据运算分为抽象运算（运算功能描述）和运算实现两个层次。

（2）在集合中，不考虑数据之间的次序关系，它们处于无序的、各自独立的状态。在线性结构中，数据之间是一对一的关系。在树形结构中，数据之间是一对多的关系。在图形结构中，数据之间是多对多的关系。

（3）数据的存储结构是逻辑结构在计算机中的表示或实现。顺序存储结构是把数据元素按逻辑次序依次存放在一组连续的存储单元中，这种存储方法是用存储结点间的位置关系表示数据元素之间的逻辑关系，具体实施时可用高级语言中的数组来实现。一个数组占有一片连续的存储空间，每个元素的存储单元是按下标位置从 0 开始连续编号的，逻辑上相邻的元素其存储位置也相邻。对于任一种数据的逻辑结构，若能够把元素之间的逻辑关系对应地转换为数组下标位置之间的物理关系，就能够利用数组来实现其顺序存储结构。

链式存储结构是在计算机中用一组任意的存储单元存储数据元素(这组存储单元可以是连续的,也可以是不连续的)。每一个存储结点都由 1 个数据域和至少 1 个指针域（指向逻辑上相邻对象的物理存储地址）组成。数据元素的逻辑次序是通过链表中的指针链接实现的。

索引存储结构是用结点的索引号来确定结点的存储地址。通常在存储结点的同时，附加索引表。结点间的逻辑关系由索引项来表示。

哈希存储结构是用哈希函数来确定和计算数据元素的存储位置。

（4）算法是对特定问题求解步骤的一种描述，它是指令的有限序列。算法必须满足下列五个重要特性：有穷性、确定性、可行性、输入和输出。

（5）一个"好"的算法除了要满足算法的五大特性外，还要具备正确性、可读性、健壮性、有效性。其中有效性又包括时间复杂度和空间复杂度两个方面。一个算法的时间复杂度和空间复杂度越低，表明其所需的时间代价及空间代价越低，说明算法的效果越好。

（6）算法分析包括时间复杂度分析和空间复杂度分析，其目的是分析算法的效率，以求改进，所以通常采用事前估算法，而不是进行算法绝对执行时间的比较。

（7）在分析算法的时间复杂度时通常是选取算法中的基本运算，求出其频度即执行次数，将频度的数量级作为该算法的时间复杂度，通常用大 O 记号表示。

常用的时间复杂度从低到高的级别依次为：常量级 $O(1)$、对数级 $O(\log_2 n)$、线性级 $O(n)$、线性对数级 $O(n\log_2 n)$、平方级 $O(n^2)$、指数级 $O(2^n)$ 等。当处理的数据量较大时，处于前面级别的算法比处于后面级别的算法更有效。

（8）通常算法是建立在数据的存储结构之上的，设计好的存储结构可以提高算法的效率。

第 2 章

线性表

2.1 知识体系

知识体系如图 1-2-1 所示。

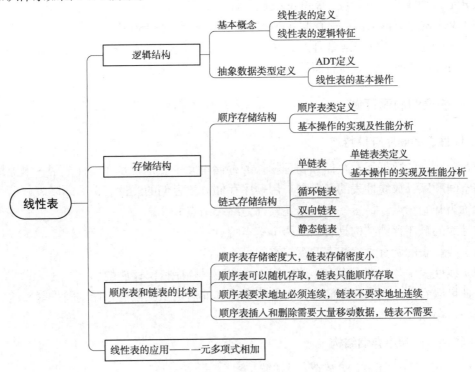

图 1-2-1 知识体系图

2.2 学习指南

（1）理解线性表的类型定义，理解线性表的逻辑结构和存储结构。
（2）熟练掌握顺序表类定义，熟悉线性表的顺序存储结构。
（3）熟练掌握顺序表的各种运算的实现，并能灵活运用各种相关操作。
（4）熟练掌握单链表类定义，熟悉线性表的链式存储结构。
（5）熟练掌握单链表的各种运算的实现，并能灵活运用各种相关操作。

2.3 内容提要

线性表的特点：线性表由一组数据元素构成，表中元素属于同一数据对象。在线性表中，数据元素之间的相对位置是线性的，数据按照前后顺序进行有限排列，第一个数据元素有且仅有一个直接后继，最后一个数据元素有且仅有一个直接前驱，其他所有数据元素都有且仅有一个直接后继和一个直接前驱。

2.3.1 线性表

（1）线性表 L 是由 n（$n \geq 0$）个数据元素 $a_1, a_2, a_3, \ldots, a_n$ 组成的有限序列，其中数据元素的个数 n 定义为线性表的长度，$n=0$ 的线性表称为空表。

（2）线性表的逻辑结构：一个非空（$n \neq 0$）的线性表记为 $L = (a_1, a_2, a_3, \ldots, a_n)$。$a_i$（$1 \leq i \leq n$）称作线性表的第 i 个数据元素，下标 i 为 a_i 元素在线性表中的位序，称其前面的元素 a_{i-1} 为 a_i（$2 \leq i \leq n$）的直接前驱，称其后面的元素 a_{i+1} 为 a_i 的直接后继。

2.3.2 线性表的顺序存储

1. 线性表的顺序存储特点

把逻辑相邻的数据元素存储在物理相邻的存储单元中，也就是在内存中用一组地址连续的存储空间顺序存放线性表的各元素。用顺序存储方法存储的线性表称为顺序表。第一个数据元素称为开始结点，最后一个数据元素称为终端结点。

线性表的顺序存储结构具有以下两个基本特点：

（1）线性表的所有元素所占的存储空间是连续的。

（2）线性表中各数据元素在存储空间中是按逻辑顺序依次存放的。

由此可以看出，在顺序存储线性表结构中，其前后两个元素的存储空间是紧邻的，且前驱元素一定存储在后继元素的前面。

2. 线性表的顺序存储结构

```
const int MaxLen=100;  //顺序栈的最大容量或用#define MaxSize 100
template <class ElemType>
class SqList
{
    private:
        ElemType data[MaxLen];      //定义存储表中元素的数组
        int length;                 //线性表的实际长度
    public:
        SqList();
        int Getlen();
        ElemType Getelem(int i);
        int Locate(ElemType x);
        void Inselem(int i, ElemType x);
        void Delelem(int i);        //删除线性表中第i个位置上的元素
};
```

2.3.3 线性表的链式存储

1. 线性表的链式存储特点

在链表存储方式中,任意两个在逻辑上相邻的数据元素在物理上不一定相邻,数据元素的逻辑次序是通过链表中的指针链接实现的。链表的长度是动态的、可扩充的,在链表中插入和删除时不需要移动元素。链式存储结构适用于插入和删除频繁、存储空间需求不定的情形。

2. 线性表的链式存储结构

为了在链表中表示元素之间的线性关系,每一个数据元素在存储时除了存储自身的数据之外,还需要存储其后继或前驱元素的地址,因此数据元素需要一个复合的数据类型表示。程序如下:

```
template<class ElemType>
struct LinkNode                    //链表结点类型定义
{
    ElemType data;                 //数据域
    LinkNode<ElemType>* next;
};
```

3. 各种链表形式

(1)单链表:数据元素之间只存在单方向的指向,即可以由链表头直接查询到链表尾,但这种链表不可以反方向访问。

(2)循环链表:将单链表中最后一个结点的指针指向链表的头结点,使整个链表形成一个环形,称这种头尾相连的线性链表形式为循环链表,这样从表中任一结点出发,顺着指针链可以找到表中其他的任何结点。

(3)双链表:用两个指针表示结点间的逻辑关系。

4. 线性链表的基本运算

线性链表的基本运算有链表的插入、链表的删除、链表的查找等。

2.4 实训案例概要

本章案例主要是在线性表的两类存储结构(顺序结构和链式结构)上实现基本操作。通过学习能够更好地理解和掌握线性表的相关知识。

2.4.1 验证性实训

案例 2-1:顺序表的实现

【实训目的】

(1)掌握线性表的顺序存储结构。

（2）验证顺序表及其基本操作的实现。
（3）理解算法与程序的关系，能够将顺序表算法转换为对应的程序。

【实训内容】
（1）建立含有若干个元素的顺序表。
（2）对已建立的顺序表实现插入、按元素值查找、按位置查找、按元素值删除、按位置删除等操作。

【实训程序】
在 Dev C++编程环境下新建一个工程"顺序表的实现"，在该工程中新建一个头文件 SqList.h，该头文件包括顺序表类模板 SqList 的定义。程序如下：

```cpp
const int MaxLen=100;                       //顺序表的最大长度
template <class ElemType>
class SqList
{
    private:
        ElemType data[MaxLen];              //存储表中元素的数组
        int length;                         //顺序表的实际长度
    public:
        SqList(){length=0;}                 //无参构造函数
        SqList(ElemType a[],int n);         //有参构造函数
        ~SqList(){ }                        //析构函数
        int GetLen();                       //返回顺序表的长度
        ElemType GetElem(int i);            //查找第 i 个元素
        int Locate(ElemType x);             //定位值为 x 的元素所在位置
        void InsElem(int i,ElemType x);     //将 x 插入第 i 个位置
        ElemType DelElem(int i);            //删除第 i 个位置上的元素
        int DelElem2(ElemType x);           //删除值为 x 的元素
        void DispList();                    //按序号依次输出各元素
};
```

在工程"顺序表的实现"中新建一个源程序文件 SqList.cpp，该文件包括类模板 SqList 中成员函数的定义。程序如下：

```cpp
#include <iostream>
using namespace std;
#include "SqList.h"
template <class ElemType>
SqList <ElemType>::SqList(ElemType a[],int n)  //有参构造函数
{
    if(n>MaxLen) throw "参数非法";
    for(int i=0;i<n;i++)
        data[i]=a[i];
    length=n;
}
template <class ElemType>
ElemType SqList <ElemType>::GetElem(int i)     //查找第 i 个位置上的元素并返回
{
```

```cpp
    if(i<0||i>=length)  cout<<"Error"<<endl;
    else return data[i];
}
template <class ElemType>
int SqList <ElemType>::Locate(ElemType x)    //定位值为 x 的元素所在位置并返回
{
    int i=0;
    while(i<length && data[i]!=x)
        i++;
    if(i<length)   return i+1;
    else   return  0;
}
template <class ElemType>
void SqList<ElemType>::InsElem(int i,ElemType x)   //将 x 插入第 i 个位置
{
    if(length>=MaxLen)  throw "上溢!";
    if (i<1 || i>length+1)  throw "位置非法";
    for(int j=length; j>=i; j--)
        data[j]=data[j-1];                       //数据元素后移
    data[i-1]=x;                                 //插入 x
    length++;                                    //表长度加 1
}
template <class ElemType>
ElemType SqList <ElemType>::DelElem(int i)    //删除线性表中第 i 个位置上的元素
{
    ElemType e;
    if(length==0)  throw "下溢!";
    if(i<1|| i>length)   throw "位置非法!";
    e=data[i-1];
    for(int j=i; j<length; j++)
        data[j-1]=data[j];                       //数据元素前移
    length--;                                    //表长减 1
    return e;
}
template <class ElemType>
int SqList<ElemType>::DelElem2(ElemType x)   //删除指定的元素,若返回 0 则失败,否则成功
{
    int i,j;
    for(i=0; i<length; i++)         //查找 x 所在的位置,若找到则退出循环,位置为 i
       if(x==data[i])
           break;
    if(i<length){
        for(j=i+1; j<length; j++)   //从 i+1 到 length-1 位置上的元素依次前移
            data[j-1]=data[j];
        length--;                    //表长减一
        return i+1;                  //返回删除位置
    }
    return 0;
```

```
}
template <class ElemType>
void SqList <ElemType>::DispList()
{
    for(int i=0; i<length; i++)
        cout<<data[i]<<" ";
    cout<<endl;
}
```

在工程"顺序表的实现"中新建一个源程序文件 SqList_main.cpp,该文件包括主函数。程序如下:

```cpp
#include <iostream>
#include<stdlib.h>
#include "SqList.cpp"          //引入类模板 SqList 的成员函数的定义
using namespace std;
int main()
{
    int x,n=10,i;
    int a[10]={11,12,13,14,15,16,17,18,19,20};
    SqList<int> L(a,n);
    L.DispList();
    cout<<"请输入要查找元素的值";
    cin>>x;
    i=L.Locate(x);
    if(i==0) cout<<"\n没找到"<<endl;
    else cout<<"有符合条件的元素,位置为:"<<i<<endl;
    cout<<"请输入查找位置";
    cin>>i;
    x=L.GetElem(i);
    cout<<"第"<<i<<"个位置上的元素为:"<<x<<endl;
    cout<<"请输入插入位置和元素值:";
    cin>>i>>x;
    L.InsElem(i,x);
    cout<<"在第"<<i<<"个位置上插入"<<x<<"成功,插入后线性表为:"<<endl;
    L.DispList();
    cout<<"请输入删除元素位置";
    cin>>i;
    x=L.DelElem(i);
    cout<<"删除第"<<i<<"个位置上的元素后:"<<endl;
    L.DispList();
    cout<<"请输入要删除的元素值:";
    cin>>x;
    i=L.DelElem2(x);
    if(i==0) cout<<"不存在值为"<<x<<"的元素"<<endl;
    else{
        cout<<"删除位置为"<<i<<"的元素成功,删除后线性表为:"<<endl;
        L.DispList();
    }
```

```
    return 0;
}
```

程序运行结果如图 1-2-2 所示。

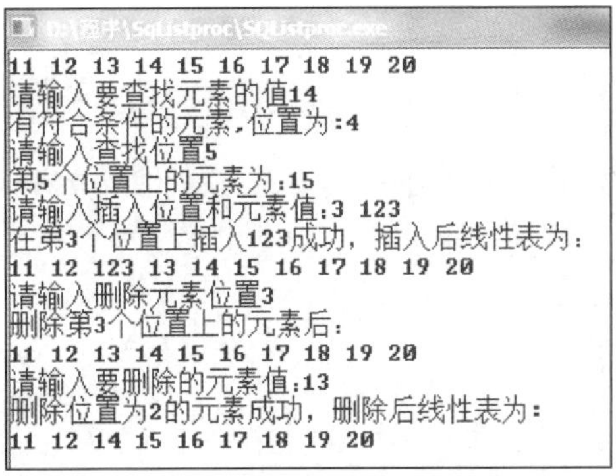

图 1-2-2 案例 2-1 程序运行结果

案例 2-2：单链表的实现

【实训目的】

（1）掌握线性表的链式存储结构。

（2）验证单链表及其基本操作的实现。

（3）理解算法与程序的关系，能够将单链表算法转换为对应的程序。

【实训内容】

（1）建立含有若干个元素的单链表。

（2）对已建立的单链表实现插入、按元素值查找、按位置查找、按元素值删除、按位置删除等操作。

【实训程序】

在 Dev C++编程环境下新建一个工程"单链表的实现"，在该工程中新建一个头文件 LinkList.h，该头文件包括单链表类模板 LinkList 的定义。程序如下：

```
template<class ElemType>
struct LinkNode                       //链表结点类型定义
{
    ElemType data;                    //数据域
    LinkNode<ElemType>* next;         //指针域
};
template<class ElemType>
class LinkList                        //单链表类模板的声明
{
    private:
        LinkNode<ElemType>* head;     //单链表的头指针
    public:
        LinkList();                   //构造函数，初始化空链表
        ~LinkList();                  //析构函数
        void CreateList_F(ElemType a[],int n);  //头插入建表
        void CreateList_T(ElemType a[],int n);  //尾插入建表
```

```
        ElemType GetElem(int i);              //查找第i个元素
        int Locate(ElemType x);               //定位值为x的元素所在位置
        void InsElem(int i,ElemType x);       //将x插入到第i个位置
        ElemType DelElem(int i);              //删除第i个位置上的元素
        int DelElem2(ElemType x);             //删除值为x的元素
        void DispList();                      //输出单链表
};
```

在工程"单链表表的实现"中新建一个源程序文件 LinkList.cpp，该文件包括类模板 LinkList 中成员函数的定义。程序如下：

```
#include <iostream>
using namespace std;
#include "LinkList.h"              //引入LinkList类模板的声明
template<class ElemType>
LinkList<ElemType>::LinkList()     //建立空的单链表
{
    head=new LinkNode<ElemType>;
    head->next=NULL;
}
template<class ElemType>
void LinkList<ElemType>::CreateList_F(ElemType a[],int n)//头插入法建表
{
    LinkNode<ElemType>*s;
    for (int i=0;i<n;i++)
    {
        s=new LinkNode<ElemType>;
        s->data=a[i];
        s->next=head->next;head->next=s;
    }
}

template<class ElemType>
void LinkList<ElemType>::CreateList_T(ElemType a[],int n)//尾插入法建表
{
    LinkNode<ElemType>*r,*s;
    r=head;
    for (int i=0;i<n;i++)
    {
        s=new LinkNode<ElemType>;
        s->data=a[i];
        r->next=s;
        r=s;
    }
    r->next=NULL;
}
template<class ElemType>
LinkList<ElemType>::~LinkList()     //析构函数
{
    LinkNode<ElemType>* p=NULL;
```

```cpp
        while(head!=NULL)
        {
            p=head;
            head=head->next;
            delete p;
        }
}
template<class ElemType>
ElemType LinkList<ElemType>::GetElem(int index)   //查询第 index 个元素
{
    int i;
    LinkNode<ElemType>*p;
    p=head->next;
    if(p==NULL) throw "位置非法";
    for(i=1; i<index && p!=NULL; i++)
        p=p->next;
    if(i==index) return p->data;
    else    throw "位置非法";
}
template<class ElemType>
void LinkList<ElemType>::InsElem(int index,ElemType x)//插入 x
{
    LinkNode<ElemType>*p,*tmp;
    tmp=head;
    p=new LinkNode<ElemType>;     //新建结点
    p->data=x;
    for(int i=1;i<index && tmp->next!=NULL;i++)      //查找插入位置
        tmp=tmp->next;
    p->next=tmp->next;            //插入结点
    tmp->next=p;
}
template<class ElemType>
int LinkList<ElemType>::Locate(ElemType e)   //定位值为 e 的元素位置
{
    LinkNode<ElemType>*p;
    p=head;
    int count=0;
    while(p->next)
    {
        p=p->next;
        count++;
        if(p->data==e)
        return count;
    }
    return 0;
}
template<class ElemType>
ElemType LinkList<ElemType>::DelElem(int index)   //删除位置为 index 的元素
```

```cpp
{
    LinkNode<ElemType> *tmp,*p;
    int i;
    ElemType e;
    tmp=head;
    for(i=1; i<index; i++)          //查找位置为 index 的元素的前驱结点
        if(tmp->next == NULL)
            return 0;
        else
            tmp=tmp->next;
    p=tmp->next; tmp->next=p->next;                //删除位置为 index 的结点
    e=p->data;
    delete p;
    return e;
}
template<class ElemType>
int LinkList<ElemType>::DelElem2(ElemType e)    //删除值为 e 的结点
{
    LinkNode<ElemType> *p,*q;
    int i=0;
    p=head;
    if(p->next==NULL) return 0;
    while(p->next!=NULL&&p->next->data!=e)       //查找值为 e 的结点的前驱结点
    {
        p=p->next;
        i++;
    }
    if(p==NULL) return 0;
    else
    {   q=p->next; p->next=q->next;   //删除结点
        delete q;
        return i+1;
    }
}
template<class ElemType>
void LinkList<ElemType>::DispList()    //依次输出单链表中的元素
{
    LinkNode<ElemType>*p;
    p=head;
    while(p->next)
    {
        p=p->next;
        cout<<p->data<<" ";
    }
    cout<<endl;
}
```

在工程"单链表的实现"中新建一个源程序文件 LinkList_main.cpp,该文件包括主函数。程序如下:

```cpp
#include <iostream>
#include <stdlib.h>
#include "LinkList.cpp"           //引入类模板 LinkList 的成员函数的定义
using namespace std;
int main()
{
    int x,index;
    LinkList<int> L,L2;
    int a[10]={11,12,13,14,15,16,17,18,19,20};
    cout<<"头插入建表 L:";
    L.CreateList_F(a,10);
    L.DispList();
    cout<<"尾插入建表 L2:";
    L2.CreateList_T(a,10);
    L2.DispList();
    cout<<"以下操作在 L 表中进行"<<endl;
    cout<<"请输入插入位置和插入的值:"<<endl;
    cin>>index>>x;
    L.InsElem(index,x);
    L.DispList();
    cout<<"请输入查找元素的值:";
    cin>>x;
    index=L.Locate(x);
    if(index==0)    cout<<"没找到"<<endl;
    else  cout<<"有符合条件的元素,位置为:"<<index<<endl;
    cout<<"请输入查找位置:";
    cin>>index;
    cout<<"位置为"<<index<<"上的元素值为:"<<L.GetElem(index)<<endl;
    cout<<"请输入删除位置:";
    cin>>index;
    x= L.DelElem(index);
    cout<<"删除第"<<index<<"个位置上的元素"<<x<<"成功,删除后线性表为:"<<endl;
    L.DispList();
    cout<<"请输入要删除元素的值:";
    cin>>x;
    index=L.DelElem2(x);
    if(index==0) cout<<"不存在值为"<<x<<"的元素"<<endl;
    else cout<<"删除"<<x<<"成功,删除后线性表为:"<<endl;
    L.DispList();
    return 0;
}
```

程序运行结果如图 1-2-3 所示。

```
头插入建表L: 20 19 18 17 16 15 14 13 12 11
尾插入建表L2: 11 12 13 14 15 16 17 18 19 20
以下操作在L表中进行
请输入插入位置和插入的值:
1 200
200 20 19 18 17 16 15 14 13 12 11
请输入查找元素的值: 18
有符合条件的元素,位置为:4
请输入查找位置: 5
位置为5上的元素值为: 17
请输入删除位置: 6
删除第6个位置上的元素16成功,删除后线性表为:
200 20 19 18 17 14 13 12 11
请输入要删除元素的值: 15
删除15成功,删除后线性表为:
200 20 19 18 17 14 13 12 11
```

图 1-2-3　案例 2-2 程序运行结果

2.4.2　设计性实训

案例 2-3：集合的交并差运算的实现

集合的交并差
运算的实现

【实训目的】
（1）设计并实现集合的交、并、差运算的算法。
（2）加深对单链表的理解，逐步培养解决实际问题的编程能力。
（3）分析算法的时间性能。

【实训内容】
（1）定义单链表的存储结构及其基本操作。
（2）实现求两个集合的交集、并集和差集的函数。
（3）在主函数中调用函数实现集合的交并差操作。

【实训程序】
在 Dev C++编程环境下新建一个工程"集合的交并差"，在此项目中添加单链表 LinkList 类模板的声明文件 LinkList.h 及其成员函数定义文件 LinkList.cpp。在 LinkList 类模板中增加一个成员函数 GetNode()，返回单链表的第 index 个结点。成员函数 GetNode(index)的定义如下：

```
template<class ElemType>
LinkNode<ElemType>* LinkList<ElemType>::GetNode(int index)
{
    LinkNode<ElemType>* p;
    p=head;
    if(index==0) return p;
    for(int i=1; i<=index && p->next!=NULL; i++)
    {
        if(p->next==NULL) throw "位置非法";
        p=p->next;
    }
    return p;
}
```

在工程"集合的交并差"中新建一个源程序文件 main.cpp，该文件包括求两个集合的交并差的函数及主函数。程序如下：

```cpp
#include <iostream>
using namespace std;
#include "LinkList.cpp"                        //引入LinkList类模板成员函数的定义
void Union(LinkList<int>&set1,LinkList<int>&set2, LinkList<int> &set3)
{   //求两个集合set1和set2的并集,存储到set3中
    LinkNode<int> *p=set1.GetNode(1);      //p指向set1的第一个结点
    LinkNode<int> *q=set2.GetNode(1);      //q指向set2的第一个结点
    LinkNode<int> *r=set3.GetNode(0),*s;   //r是set3的尾指针
    while(p && q)
    {
        if (p->data<q->data)               //如果p的数据较小
        {
            s=new LinkNode<int>;
            s->data=p->data;               //将p所指结点复制到s所指结点
            r->next=s;                     //将s结点插入到set3的尾部
            r=s;
            p=p->next;                     //p向后移动
        }
        else if(q->data<p->data)           //如果q的数据较小
        {
            s=new LinkNode<int>;
            s->data=q->data;               //将q所指结点复制到s所指结点
            r->next=s;                     //将s结点插入到set3的尾部
            r=s;
            q=q->next;                     //q向后移动
        }
        else if(p->data==q->data)          //p和q所指结点的data相同
        {
            s=new LinkNode<int>;
            s->data=q->data;               //将q所指结点复制到s所指结点
            r->next=s;                     //将s结点插入到set3的尾部
            r=s;
            p=p->next;
            q=q->next;
        }
    }
    while(q)//如果set1被遍历完毕,直接在set3的尾部加上set2还未遍历的数据
    {
        s=new LinkNode<int>;
        s->data=q->data;                   //将q所指结点复制到s所指结点
        r->next=s;                         //将s结点插入到set3的尾部
        r=s;
        q=q->next;
    }
    while(p)//如果set2被遍历完毕,直接在set3的尾部加上set1还未遍历的数据
    {
        s=new LinkNode<int>;
        s->data=p->data;                   //将p所指结点复制到s所指结点
```

```cpp
            r->next=s;                          //将 s 结点插入到 set3 的尾部
            r=s;
            p=p->next;
        }
        r->next=NULL;
    }
    void Intersect(LinkList<int> &set1,LinkList<int> &set2, LinkList<int> &set3)
    {   //求两个集合 set1 和 set2 的交集，存储到集合 set3 中
        LinkNode<int> *p=set1.GetNode(1);      //p 指向 set1 的第一个结点
        LinkNode<int> *q=set2.GetNode(1);      //q 指向 set2 的第一个结点
        LinkNode<int> *r=set3.GetNode(0),*s;   //r 是 set3 的尾指针
        while(p&&q)
        {
            if(p->data<q->data)                 //如果 p 的数据较小
                p=p->next;
            else if(q->data<p->data)            //如果 q 的数据较小
                q=q->next;
            else if(p->data==q->data)           //p 和 q 所指结点的 data 相同
            {
                s=new LinkNode<int>;
                s->data=q->data;                //将 q 所指结点复制到 s 所指结点
                r->next=s;                      //将 s 结点插入到 set3 的尾部
                r=s;
                p=p->next;
                q=q->next;
            }
        }
        r->next=NULL;
    }
    void Except(LinkList<int> &set1,LinkList<int> &set2, LinkList<int> &set3)
    {   //求两个集合 set1 和 set2 的差集，存储到集合 set3 中
        LinkNode<int> *p=set1.GetNode(1);      //p 指向 set1 的第一个结点
        LinkNode<int> *q=set2.GetNode(1);      //q 指向 set2 的第一个结点
        LinkNode<int> *r=set3.GetNode(0),*s;   //r 是 set3 的尾指针
        while(p&&q)
        {
            if(p->data<q->data)                 //如果 p 的数据较小
            {
                s=new LinkNode<int>;
                s->data=p->data;                //将 p 所指结点复制到 s 所指结点
                r->next=s;                      //将 s 结点插入到 set3 的尾部
                r=s;
                p=p->next;                      //p 向后移动
            }
            else if(q->data<p->data)            //如果 q 的数据较小
                q=q->next;                      //q 向后移动
            else if(p->data==q->data)           //p 和 q 所指结点的 data 相同
            {
```

```
            p=p->next;
            q=q->next;
        }
    }
    while(p)    //如果 set2 被遍历完毕，直接在 set3 的尾部加上 set1 还未遍历的数据
    {
        s=new LinkNode<int>;
        s->data=p->data;              //将 q 所指结点复制到 s 所指结点
        r->next=s;                    //将 s 结点插入到 set3 的尾部
        r=s;
        p=p->next;
    }
    r->next=NULL;
}
int main()
{
    LinkList<int> Set1,Set2,Set3;
    int a[4]={2,3,5,7};               //要求数组 a 中的元素递增有序
    int b[5]={2,5,6,9,8};             //要求数组 b 中的元素递增有序
    Set1.CreateList_T(a,4);
    Set2.CreateList_T(b,5);
    cout<<"Set1:";
    Set1.DispList();
    cout<<"Set1:";
    Set2.DispList();
    Union(Set1,Set2,Set3);
    cout<<"Set1 和 Set2 的并集:";
    Set3.DispList();
    Intersect(Set1,Set2,Set3);
    cout<<"Set1 和 Set2 的交集:";
    Set3.DispList();
    Except(Set1,Set2,Set3);
    cout<<"Set1 和 Set2 的差集:";
    Set3.DispList();
}
```

程序运行结果如图 1-2-4 所示。

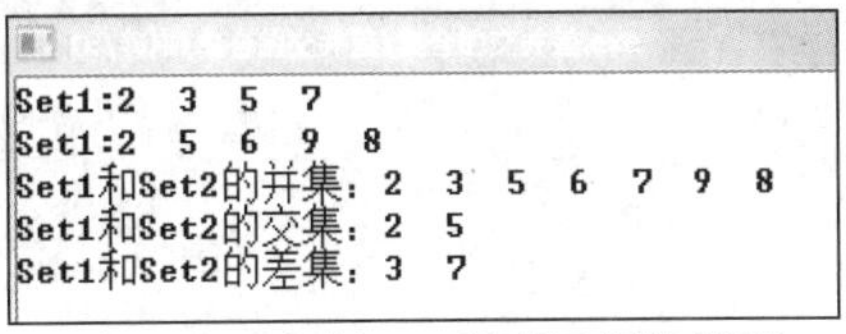

```
Set1:2  3  5  7
Set1:2  5  6  9  8
Set1和Set2的并集: 2  3  5  6  7  9  8
Set1和Set2的交集: 2  5
Set1和Set2的差集: 3  7
```

图 1-2-4　案例 2-3 程序运行结果图

2.4.3　综合性实训

案例 2-4：稀疏一元多项式求和

【实训目的】

（1）设计稀疏一元多项式的存储结构。

稀疏一元
多项式求和

（2）设计并实现稀疏一元多项式求和的算法。

（3）加深对单链表的理解，逐步培养解决实际问题的编程能力。

（4）分析算法的时间性能。

【实训内容】

（1）定义一元多项式的结点类型。

（2）定义存储一元多项式的单链表存储结构及其基本操作。

（3）实现稀疏一元多项式求和。

（4）在主函数中调用函数实现稀疏一元多项式求和。

【实训程序】

在 Dev C++编程环境下新建一个工程"一元多项式求和"，在此项目中添加单链表 LinkList 类模板的声明文件 LinkList.h 及其成员函数定义文件 LinkList.cpp。在 LinkList 类模板中增加一个成员函数 GetNode(index)，返回单链表的第 index 个结点。成员函数 GetNode(index)的定义如下：

```cpp
template<class ElemType>
LinkNode<ElemType>* LinkList<ElemType>::GetNode(int index)
{
    LinkNode<ElemType>* p;
    p=head;
    if(index==0) return p;
    for(int i=1; i<=index && p->next!=NULL; i++)
    {
        if(p->next==NULL) throw "位置非法";
        p=p->next;
    }
    return p;
}
```

在工程"一元多项式求和"中新建一个源程序文件 main.cpp，该文件包括一元多项式结点类型定义、一元多项式求和的函数以及主函数。程序如下：

```cpp
#include <iostream>
using namespace std;
#include "LinkList.cpp"                    //引入LinkList类模板的成员函数的定义
typedef struct PElemType                   //定义一元多项式的结点类型
{
    Float coef;                            //系数
    int expn;                              //指数
    friend ostream & operator <<(ostream & out,const PElemType & e)
    { return out<<e.coef<<"X^"<<e.expn; }  //输出一元多项式的项
    friend istream & operator>>(istream & in,PElemType & e)
    { return in>>e.coef>>e.expn; }         //输入一元多项式项中的系数和指数
} PElemType;
void AddPolyn(LinkList<PElemType> &Pa,LinkList<PElemType> &Pb)
{   //稀疏一元多项式 Pa 和 Pb 求和，结果存储在 Pa 中
    int sum;                               //sum存储两个多项式结点的系数之和
    LinkNode<PElemType> *p1=Pa.GetNode(1)   //p1指向Pa多项式的第一个结点
```

```
        LinkNode<PElemType> *p2=Pb.GetNode(1),*r;      //p2 指向 Pb 多项式的第一个结点
        LinkNode<PElemType> *p3=Pa.GetNode(0);         //p3 指向 Pa 多项式的头结点，
                                                       //作为和多项式尾指针
        while(p1&&p2){
            if(p1->data.expn==p2->data.expn)           //指数相同
            {
                sum=p1->data.coef+p2->data.coef;       //指数相同系数相加
                if(sum!=0){                            //系数之和不等于零时
                    p1->data.coef=sum;                 //系数之和存于p1->data 的coef 中
                    p3->next=p1;                       //将 p1 所指结点链入 p3 之后
                    p3=p1;
                    p1=p1->next;
                    r=p2;p2=p2->next;                  //删除 p2 结点
                    delete r;
                }
                else{                                  //系数之和等于零时
                    r=p1;p1=p1->next;  delete r;       //删除 p1 所指结点
                    r=p2;p2=p2->next;  delete r;       //删除 p2 所指结点
                }
            }
            else if(p1->data.expn<p2->data.expn){      //p1 指数小于 p2 的指数
                p3->next=p1;                           //将 p1 所指结点链入 p3 之后
                p3=p1;
                p1=p1->next;
            }
            else{                                      //p2 指数小于 p1 的指数
                p3->next=p2;                           //将 p2 所指结点链入 p3 之后
                p3=p2;
                p2=p2->next;
            }
        }
        //p1 不为空而 p2 为空则将 p1 所指结点链在和多项式 Pa 的尾指针后面
        if(p1!=NULL)   p3->next=p1;
        //如果 p2 不为空而 p1 为空，则将 p2 所指结点链在和多项式 Pa 的尾指针后面
        else p3->next=p2;
}
int main(){
    LinkList<PElemType> Pa,Pb;
    //用数组 a 和 b 构造一元多项式的各项，每个数组元素的第一个值为系数，第二个值是指数
    //要求数组 a 和 b 的元素按指数递增
    PElemType a[4]={{2,1},{3,10},{5,20},{6,30}};
    PElemType b[3]={{12,1},{23,9},{-5,20}};
    Pa.CreateList_T(a,4);
    cout<<"Pa 多项式的各项为";
    Pa.DispList();
    Pb.CreateList_T(b,3);
    cout<<"Pb 多项式的各项为:";
    Pb.DispList();
```

```
    AddPolyn(Pa,Pb);
    cout<<"Pa 和 Pb 的和多项式的各项为:";
    Pa.DispList();
}
```

程序运行结果如图 1-2-5 所示。

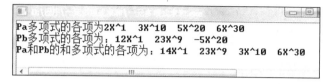

图 1-2-5　案例 2-4 程序运行结果

第 3 章

栈和队列

3.1 知识体系

知识体系如图 1-3-1 所示。

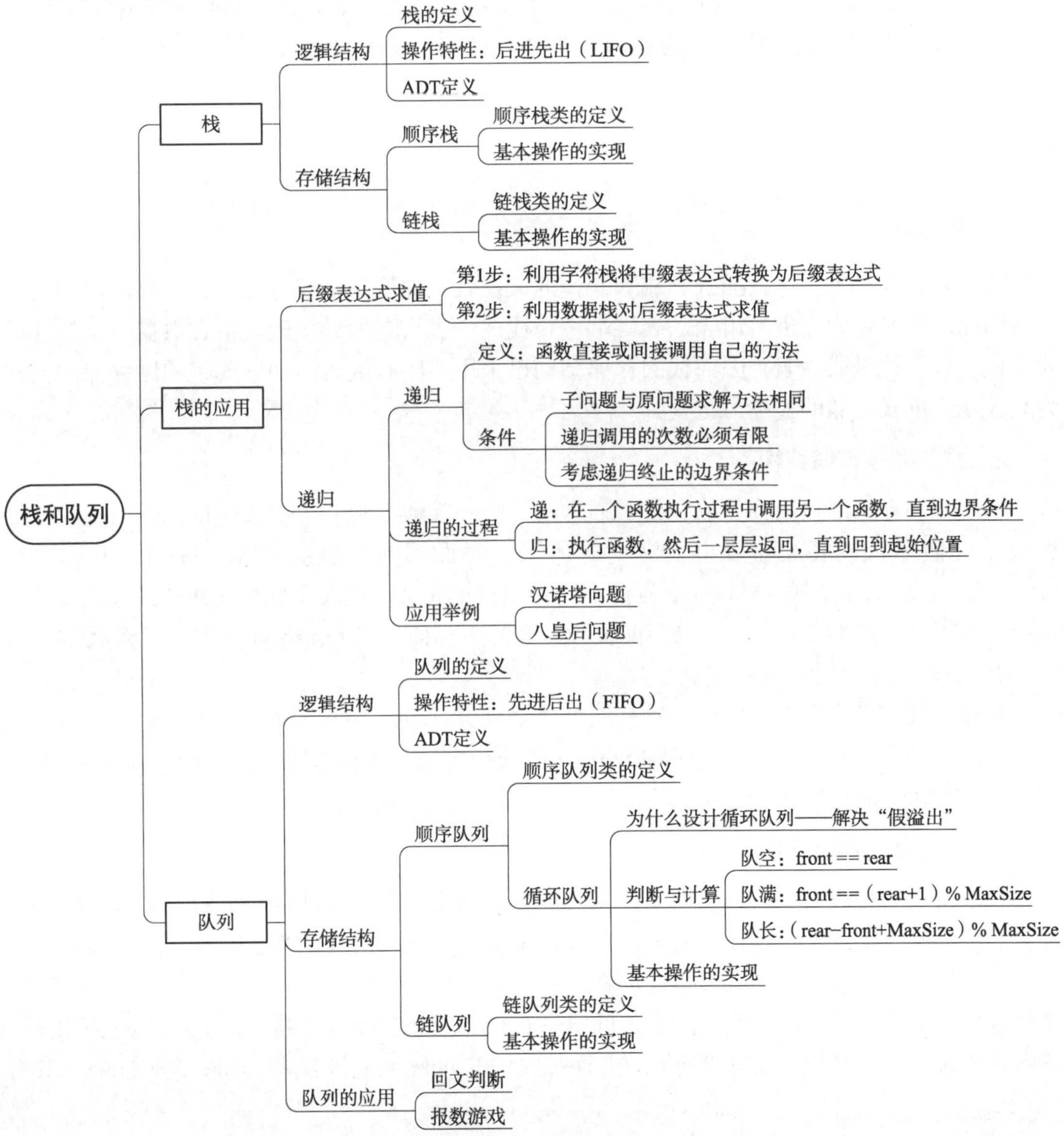

```
栈和队列
├── 栈
│   ├── 逻辑结构
│   │   ├── 栈的定义
│   │   ├── 操作特性：后进先出（LIFO）
│   │   └── ADT定义
│   └── 存储结构
│       ├── 顺序栈
│       │   ├── 顺序栈类的定义
│       │   └── 基本操作的实现
│       └── 链栈
│           ├── 链栈类的定义
│           └── 基本操作的实现
├── 栈的应用
│   ├── 后缀表达式求值
│   │   ├── 第1步：利用字符栈将中缀表达式转换为后缀表达式
│   │   └── 第2步：利用数据栈对后缀表达式求值
│   ├── 递归
│   │   ├── 定义：函数直接或间接调用自己的方法
│   │   ├── 条件
│   │   │   ├── 子问题与原问题求解方法相同
│   │   │   ├── 递归调用的次数必须有限
│   │   │   └── 考虑递归终止的边界条件
│   │   └── 递归的过程
│   │       ├── 递：在一个函数执行过程中调用另一个函数，直到边界条件
│   │       └── 归：执行函数，然后一层层返回，直到回到起始位置
│   └── 应用举例
│       ├── 汉诺塔问题
│       └── 八皇后问题
└── 队列
    ├── 逻辑结构
    │   ├── 队列的定义
    │   ├── 操作特性：先进后出（FIFO）
    │   └── ADT定义
    ├── 存储结构
    │   ├── 顺序队列
    │   │   ├── 顺序队列类的定义
    │   │   ├── 循环队列
    │   │   │   ├── 为什么设计循环队列——解决"假溢出"
    │   │   │   └── 判断与计算
    │   │   │       ├── 队空：front == rear
    │   │   │       ├── 队满：front ==（rear+1）% MaxSize
    │   │   │       └── 队长：(rear-front+MaxSize) % MaxSize
    │   │   └── 基本操作的实现
    │   └── 链队列
    │       ├── 链队列类的定义
    │       └── 基本操作的实现
    └── 队列的应用
        ├── 回文判断
        └── 报数游戏
```

图 1-3-1 知识体系图

3.2 学习指南

（1）了解栈和队列的相关概念。
（2）掌握栈和队列的各种存储结构及基本运算的实现。
（3）灵活运用栈和队列设计复杂的算法。
（4）掌握递归程序设计的特点并了解递归程序的执行过程。

3.3 内容提要

栈和队列是两种特殊的线性表。它们的逻辑结构和线性表相同，只是其运算规则较线性表有更多的限制，故又称它们为运算受限的线性表。栈和队列被广泛应用于各种程序设计中。

3.3.1 栈

1. 栈的定义

栈是限定仅在表尾进行插入和删除操作的线性表，即栈的修改是按先进后出的原则进行的，因此，栈又称为先进后出表。表尾端称为栈顶，表头端称为栈底，不含数据元素的栈称为空栈。由于栈是线性表，因而栈的存储结构也采用顺序和链式两种形式，顺序存储的栈称为顺序栈，链式存储的栈称为链栈。

2. 栈的顺序存储结构

栈的顺序存储结构简称为顺序栈。通常由一个一维数组和一个记录栈顶元素位置的变量组成。习惯上将栈底放在数组下标小的那端。假设用一维数组 S[MaxSize]（下标 0～MaxSize-1）表示一个栈，MaxSize 为栈中可存储数据元素的最大个数，即栈的最大长度。栈顶位置可用一个整型变量 top 记录当前栈顶元素的下标值。当 top 指向-1 时，表示栈空。当 top 指向 MaxSize-1 时，表示栈满。

顺序栈被定义为一个类模板。它有三个数据成员：data、top 和 MaxSize。data 为动态分配的数组，用于存储栈中元素。MaxSize 为栈的最大容量。top 为栈顶指示器，top= -1 表示栈空，top=MaxSize-1 表示栈满。

3. 栈的链式存储结构

栈的链式实现以某种形式的链表作为栈的存储结构，并在这种存储结构上实现栈的基本运算。栈的链式实现称为链栈，其组织形式与单链表类似。但其运算受限制，插入和删除运算只能在链栈的栈顶进行。栈顶指针也就是链表的头指针，如图 1-3-2 所示。为了简便算法，链栈通常带一表头结点。表头结点后面的第一个结点就是链栈栈顶结点，top 称为栈顶指针，它唯一地确定一个链栈。栈中的其他结点通过它们的 next 域链接起来。栈底结点的 next 域为 NULL。

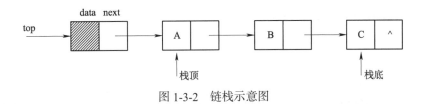

图 1-3-2 链栈示意图

3.3.2 队列

队列是一种先进先出的线性表。它只允许在表的一端插入元素,而在表的另一端删除元素。在队列中,允许插入元素的一端称为队尾,允许删除元素的一端称为队头。队列也可以通过顺序和链式存储结构实现。

1. 队列的顺序存储结构

队列的顺序存储结构简称顺序队。顺序队是由一维数组依次存放队列中的元素和分别指示队列的首端和队列的尾端的两个变量组成。这两个变量分别称为"队头指针"和"队尾指针"。

顺序队类中有四个成员函数:data、front、rear 和 MaxSize。其中,data 为存储队列中元素的动态数组。front 和 rear 分别指示队头及队尾的位置,MaxSize 存储队列的最大长度。

为了方便,约定头指针 front 总是指向队头的前一位置(即指示队头元素在一维数组中的当前位置的前一个位置)。尾指针 rear 指向队尾元素的所在位置(即指示队尾元素在一维数组中的当前位置)。队列的存储空间为从 data[0]到 data[MaxSize−1],此时队列为空的条件为 front=rear=−1。

对于顺序队列而言,在操作过程中有可能出现溢出,常用的解决此问题的方法是将顺序存储结构的队列假想成一个首尾相接的圆环,这种设想下的队列称为循环队列。

2. 队列的链式存储结构

队列的链式存储结构简称为链队。它实际上是一个同时带有首指针和尾指针的单链表。这里为了操作方便,给链队列添加一个表头结点,并令头指针指向表头结点,而尾指针则指向队尾元素,如图 1-3-3 所示。

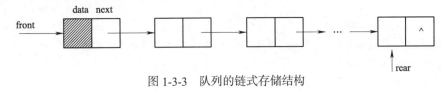

图 1-3-3 队列的链式存储结构

3.4 实训案例概要

本章主要训练根据栈和队列的基本运算解决实际问题的能力。

3.4.1 验证性实训

案例 3-1:顺序栈的实现

【实训目的】

(1)掌握栈的顺序存储结构。

（2）验证顺序栈及其基本操作的实现。

（3）验证栈的操作特性。

【实训内容】

（1）建立一个空栈。

（2）对已建立的栈进行入栈（又称进栈）、出栈（又称退栈）、取栈顶元素和判断队空等基本操作。

【实训程序】

在 Dev C++编程环境下新建一个工程"顺序栈的实现"，在该工程中新建一个头文件 SqStack.h，该头文件包括顺序栈类模板 SqStack 的定义。程序如下：

```cpp
template <class ElemType>
class SqStack{                          //顺序栈类
    private:
        ElemType *data;                 //存储栈中元素的数组
        int top;                        //栈顶指示器
        int MaxSize;                    //栈的最大长度
    public:
        SqStack();                      //无参构造函数
        SqStack(int);                   //有参构造函数
        int GetLen();                   //返回栈的长度
        bool IsEmpty();                 //判断栈空
        bool IsFull();                  //判断栈满
        bool GetTop(ElemType &e);       //返回栈顶元素
        bool Push(ElemType);            //元素入栈
        bool Pop(ElemType&);            //元素出栈
        ~SqStack();                     //析构函数
};
```

在工程"顺序栈的实现"中新建一个源程序文件 SqStack.cpp，该文件包括类模板 SqStack 中成员函数的定义。程序如下：

```cpp
#include <iostream>
#include "SqStack.h"                    //引入顺序栈类模板的声明
using namespace std;
//无参构造函数
template <class ElemType>
SqStack<ElemType>::SqStack(){
    MaxSize=20;                         //默认栈的最大长度 MaxSize 为 20
    data=new ElemType[MaxSize];
    top=-1;
}
//带参构造函数
template <class ElemType>
SqStack<ElemType>::SqStack(int n){
    MaxSize=n;                          //设置栈的最大长度 MaxSize 为 n
    data=new ElemType[MaxSize];
    top=-1;
```

```cpp
}
/*返回栈的长度*/
template <class ElemType>
    SqStack<ElemType>::GetLen(){
    return top+1;
}
/*判断栈空，若栈空返回true,否则返回false*/
template <class ElemType>
bool SqStack<ElemType>::IsEmpty(){
    return top==-1;
}
/*判断栈满，若栈满则返回true,否则返回false*/
template <class ElemType>
bool SqStack<ElemType>:: IsFull(){
    int N=sizeof(data)/sizeof(ElemType);
    return top==MaxSize-1;
}
/*返回栈顶元素的值*/
template <class ElemType>
bool SqStack<ElemType>::GetTop(ElemType &e){
    if(IsEmpty())return false;
    e=data[top];
    return true;
}
/*元素入栈，入栈成功返回true,否则返回false*/
template <class ElemType>
bool SqStack<ElemType>::Push(ElemType e){
    if(IsFull())return false;            //首先判断是否栈满
    top++;
    data[top]=e;
    return true;
}
/*元素出栈，出栈成功返回true,否则返回false*/
template <class ElemType>
bool SqStack<ElemType>::Pop(ElemType& e){
    if(IsEmpty())return false;
    e=data[top];
    top--;
    return true;
}
/*析构函数，是否data的空间*/
template <class ElemType>
SqStack<ElemType>::~SqStack(){
    delete[] data;
}
```

在工程"顺序栈的实现"中新建一个源程序文件 main.cpp，该文件包括主函数。程序如下：

```cpp
#include <iostream>
#include <string>
#include "SqStack.cpp"                    //引入顺序栈类模板成员函数的定义
using namespace std;
int main(){
    int i;
    char e;
    string str="abcdef";
    SqStack<char> s;                       //创建模板类的实例
    if(s.IsEmpty()) cout<<"栈为空"<<endl;
    else cout<<"栈不为空"<<endl;
    for(i=0;i<6;i++)                       //字符数组 str 中的元素依次入栈
        s.Push(str[i]);
    cout<<str<<"顺序入栈后，";
    if(s.IsEmpty()) cout<<" 栈为空"<<endl;
    else cout<<"栈不为空"<<endl;
    if(s.GetTop(e)) cout<<"栈顶元素为:"<<e<<endl;
    else cout<<"没有栈顶元素";
    for(i=0;i<6;i++){                      //栈 s 中的元素依次出栈
        s.Pop(e);
        cout<<e<<"出栈 ";
    }
    if(s.IsEmpty()) cout<<"栈为空"<<endl;
    else cout<<"栈不为空"<<endl;
}
```

程序运行结果如图 1-3-4 所示。

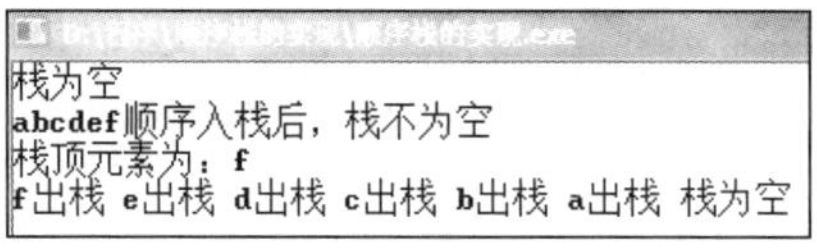

```
栈为空
abcdef顺序入栈后，栈不为空
栈顶元素为: f
f出栈 e出栈 d出栈 c出栈 b出栈 a出栈 栈为空
```

图 1-3-4 案例 3-1 程序运行结果

案例 3-2：链队列的实现

【实训目的】

（1）掌握队列的链式存储结构。

（2）验证链队列及其基本操作的实现。

（3）验证链队列的操作特性。

【实训内容】

（1）建立一个空队列。

（2）对已建立的队列进行入队、出队、取队头元素等基本操作。

【实训程序】

在 Dev C++编程环境下新建一个工程"链队列的实现"，在该工程中新建一个头文件 LinkQueue.h，该头文件包括链队列类模板 LinkQueue 的定义。程序如下：

```cpp
template <class ElemType>
struct LinkNode{
```

```
    ElemType data;                          //结点的数据域
        LinkNode<ElemType> *next;           //结点的指针域
};
template <class ElemType>
class LinkQueue{
    private:
        LinkNode<ElemType> *front,*rear;
    public:
        LinkQueue();
        ~ LinkQueue();
        int GetLen();
        bool IsEmpty();
        void In(ElemType e);
        bool Out(ElemType& e);
        ElemType GetFront();
        ElemType GetTail();
        void print();
};
```

在工程"链队列的实现"中新建一个源程序文件 LinkQueue.cpp,该文件包括类模板 LinkQueue 中成员函数的定义。程序如下:

```
#include <iostream>
using namespace std;
#include "LinkQueue.h"                      //引入链队列类模板的声明
template <class ElemType>
LinkQueue<ElemType>::LinkQueue(){
    LinkNode<ElemType> *head=new LinkNode<ElemType>;
    head->data=NULL;
    head->next=NULL;
    front=rear=head;
}
template <class ElemType>
LinkQueue<ElemType>::~LinkQueue(){
    LinkNode<ElemType> *p=front;
    while(p){
        front=p->next;
        delete p;
        p=front;
    }
}
template <class ElemType>
int LinkQueue<ElemType>::GetLen(){
    int len=0;
    LinkNode<ElemType> *p=front->next;
    while(p)
    {
        len++;
        p=p->next;
```

```cpp
        return len;
}
template <class ElemType>
bool LinkQueue<ElemType>::IsEmpty(){
    return front==rear;
}
template <class ElemType>
ElemType LinkQueue<ElemType>::GetFront(){
    return front->next->data;
}
template <class ElemType>
ElemType LinkQueue<ElemType>::GetTail(){
    return rear->data;
}
template <class ElemType>
void LinkQueue<ElemType>::In(ElemType e){
    LinkNode<ElemType> *p=new LinkNode<ElemType>;
    p->data=e;
    p->next=NULL;
    rear->next=p;
    rear=p;
}
template <class ElemType>
bool LinkQueue<ElemType>::Out(ElemType &e){
    if(IsEmpty()) return false;
    LinkNode<ElemType> *p=front->next;
    e=p->data;
    front->next=p->next;
    if(p->next==NULL) rear=front;
    delete p;
    return true;
}
template <class ElemType>
void LinkQueue<ElemType>::print()
{
    LinkNode<ElemType> *p;
    p=front->next;
    while(p!=NULL)
        cout<<p->data<<" ";
    cout<<endl;
}
```

在工程"链队列的实现"中新建一个源程序文件 main.cpp，该文件包括主函数。程序如下：

```cpp
#include <string>
#include <iostream>
using namespace std;
```

```
#include "LinkQueue.cpp"           //引入链队列类模板的成员函数的定义
int main(){
    int i;
    char e;
    string str="abcdef";
    LinkQueue <char> Q;            //创建模板类的实例
    if(Q.IsEmpty())  cout<<"队列为空"<<endl;
    else cout<<"队列不为空"<<endl;
    for(i=0;i<6;i++)               //字符数组 str 中的元素依次入队
        Q.In(str[i]);
    cout<<str<<"依次入队后, ";
    if (Q.IsEmpty())  cout<<"队列为空"<<endl;
    else cout<<"队列不为空"<<endl;
    cout<<"队头元素为:"<<Q.GetFront()<<endl;
    cout<<"队尾元素为:"<<Q.GetTail()<<endl;
    for (i=0;i<6;i++){             //链队 Q 中的元素依次出队
        Q.Out(c);
        cout<<e<<"出队,";
    }
    if (Q.IsEmpty())  cout<<"队列为空"<<endl;
    else cout<<"队列不为空"<<endl;
}
```

程序运行结果如图 1-3-5 所示。

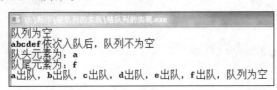

图 1-3-5 案例 3-2 程序运行结果

3.4.2 设计性实训

案例 3-3：括号匹配的检验

【实训目的】

（1）设计并实现括号匹配检验的算法。

（2）加深对栈（顺序栈或链栈）的应用的理解，逐步培养解决实际问题的编程能力。

（3）分析算法的时间性能。

【实训内容】

借助栈判断输入的表达式中括号是否匹配（括号包括（ ）、[ ]、{ }），如果不匹配输出原因。

设计思想：首先建立一个空栈，然后通过键盘随机输入一个带括号的语句或带括号的数学表达式，同时将它们保存在一个字符型数组 exps 中。扫描表达式 exps，当遇到"（""["" { "时，将其入栈。遇到"}""]"")"时，判断栈顶是否是相匹配的括号。设置变量 match 保存匹配的情况，match 为 1 表示匹配，为 2 表示有多余的左括号，为 3 表示有多余的右括号，为 4 表示左右括号不匹配。

【实训程序】

在 Dev C++编程环境下新建一个工程"括号匹配的检验",在该工程中新建一个头文件 LinkStack.h,该头文件包括链栈类模板 LinkStack 的定义。程序如下:

```cpp
template <class ElemType>
struct LinkNode{                              //链栈中的结点定义
ElemType data;
    LinkNode<ElemType> *next;                 //结点指针域 Next
};
template <class ElemType>
class LinkStack{                              //链栈类模板定义
    private:
        LinkNode<ElemType> *top;              //栈顶指示器 top
    public:
        LinkStack();                          //构造函数
        int GetLen();                         //返回链栈的长度
        bool IsEmpty();                       //判断链栈是否为空
        bool Push(ElemType);                  //入栈
        bool Pop(ElemType&);                  //出栈
        bool GetTop(ElemType &e);             //返回栈顶元素
        ~LinkStack();                         //析构函数
};
```

在工程"括号匹配的检验"中新建一个源程序文件 LinkStack.cpp,该文件包括类模板 LinkStack 中成员函数的定义。程序如下:

```cpp
#include <iostream>
#include <string.h>
#include "LinkStack.h"                        //引入链栈类模板的声明
/*构造函数,创建头结点让top指向这个结点*/
template <class ElemType>
LinkStack<ElemType>::LinkStack(){
    top=new LinkNode<ElemType>;
    top->next=NULL;
}
/*返回链栈的长度,即结点个数*/
template <class ElemType>
int LinkStack<ElemType>::GetLen(){
    int len=0;
    LinkNode<ElemType> *p=top->next;
    while(p)
    {
        len++;
        p=p->next;
    }
    return len;
}
/*判断链栈是否为空,若空返回true,否则返回false*/
```

```cpp
template <class ElemType>
bool LinkStack<ElemType>::IsEmpty(){
    return top->next==NULL;
}
template <class ElemType>
bool LinkStack<ElemType>::GetTop(ElemType &e)          //返回栈顶元素
{
    if(IsEmpty()) return false;
     else e=top->next->data;
}
/*元素e入栈*/
template <class ElemType>
bool LinkStack<ElemType>::Push(ElemType e){
    //构造一个新的结点，将e的值赋给p的data
    LinkNode<ElemType> *p=new LinkNode<ElemType>;
    if(!p) return false;                //p结点空间分配失败则返回false
    p->data=e;
    p->next=top->next;                  //将p结点插入top->next的后面，成为栈顶
    top->next=p;
    return true;
}
/*栈顶元素出栈*/
template <class ElemType>
bool LinkStack<ElemType>::Pop(ElemType &e){
    if(IsEmpty())return false;          //如果栈空则不能出栈，返回false
    LinkNode<ElemType> *p=top->next;    //p指向栈顶结点
    e=p->data;                          //将栈顶元素的值赋给e
    top->next=p->next;                  //删除栈顶结点
    delete p;                           //释放p的结点空间
    return true;
}
/*析构函数，将链栈中的每个结点空间释放*/
template <class ElemType>
LinkStack<ElemType>::~LinkStack(){
    LinkNode<ElemType> *p=NULL;
    while(!IsEmpty())
    {
        p=top->next;
        delete top;
        top=p;
    }
}
```

在工程"括号匹配的检验"中新建一个源程序文件 main.cpp，该文件包括主函数。程序如下：

```cpp
#include <iostream>
#include <string.h>
#include "LinkStack.cpp"          //引入链栈类模板的成员函数的定义
```

```cpp
using namespace std;
int Match(char exp[],int n)
{
    int i=0;
    char e;
    /*match 为 1 表示匹配, 为 2 表示有多余的左括号, 为 3 表示有多余的右括号, 为 4 表示左右括号不匹配*/
    int match=1;
    LinkStack<char> st;
    while(i<n && match)                         //扫描 exp 中所有字符
    {
        if(exp[i]=='(' || exp[i]=='[' || exp[i]=='{')
            st.Push(exp[i]);                    //左括号进栈
        else if(exp[i]==')')                    //若为右括号
        {
            if(st.GetTop(e)==true)              //判断栈顶
            {
                if(e!='(')  match=4;
                else st.Pop(e);                 //栈顶为左括号, 匹配成功
            }
            else  match=3;
        }
        else if(exp[i]==']')                    //若为右括号
        {
            if(st.GetTop(e)==true)              //判断栈顶
            {
                if(e!='[')  match=4;
                else st.Pop(e);                 //栈顶为左括号, 匹配成功
            }
            else  match=3;
        }
        else if(exp[i]=='}')                    //若为右括号
        {
            if(st.GetTop(e)==true)              //判断栈顶
            {
                if(e!='{')  match=4;
                else st.Pop(e);                 //栈顶为左括号, 匹配成功
            }
            else  match=3;
        }
        i++;                                    //继续取字符
    }
    if(!st.IsEmpty())
        match=2;
    return match;
}
int main()
{
```

```
    char exp[10],flag='Y';
    int result;
    while(flag=='Y' || flag=='y')
    {
        cout<<"请输入字符串,以#结束:";
        cin>>exp;
        int n=strlen(exp);
        result=Match(exp,n);
        if(result==1)cout<<"匹配成功,";
        else  if(result==2)  cout<<"有多余的左括号,";
        else  if(result==3)  cout<<"有多余的右括号,";
        else  if(result==4)  cout<<"左右括号不匹配,";
        cout<<"是否继续:Y or N ?  ";
        cin>>flag;
    }
    return 0;
}
```

程序运行结果如图 1-3-6 所示。

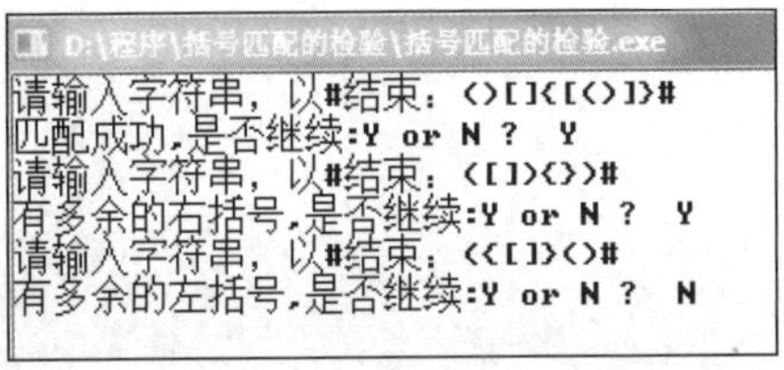

图 1-3-6 案例 3-3 程序运行结果

案例 3-4：舞伴问题

【实训目的】

（1）设计并实现舞伴问题的算法。

（2）加深对队列（循环队列栈或链队列）的应用的理解，逐步培养解决实际问题的编程能力。

（3）分析算法的时间性能。

【实训内容】

问题描述：假设在周末舞会上，男士和女士各自排成一队。跳舞开始时，依次从男队和女队的队头各出一人配成舞伴。若两队初始人数不相同，则较长的那一队中未配对者等待下一轮舞曲。现要求写一算法模拟上述舞伴配对问题。

参加跳舞的人员名单存放在数据文件 dancers.txt 中。第一行是男士的人数（例如为 n），以下 n 行存放男舞者的信息，之后一行是女士的人数（例如为 m），以下 m 行存放女舞者的信息。

每当有一对舞伴时，打印出他们的姓名。否则，将非空的一队队列中的人数和排在队头的等待者的名字打印出来。他（或她）将是下一轮舞曲开始时第一个可获得舞伴的人。

【实训程序】

在 Dev C++编程环境下新建一个工程"舞伴问题"，新建一个源程序文件 main.cpp，在该文件中引入链队列类模板 LinkQueue.cpp 成员函数的定义，在主函数中实现舞伴问题的求解。程序如下：

```cpp
#include <iostream>
#include <fstream>
#include <string>
#include "LinkQueue.cpp"              //引入链队列类模板的成员函数的定义
using namespace std;
int main()
{
    LinkQueue<string> q1,q2;          //q1 和 q2 分别为男女舞者队列
    int i,j,k;
    string str,temp;
    ifstream in("dancers.txt");       //in 为文件输入流对象
    in>>i;                            //从文件读入男舞者人数 i
    for(k=1;k<=i;k++)
    {
        in>>str;                      //从文件读取每一个男舞者的名字
        q1.In(str);                   //依次入队
    }
    in>>j;                            //从文件读入女舞者人数 j
    for(k=1;k<=j;k++)
    {
        in>>str;                      //从文件读取每一个女舞者的名字
        q2.In(str);                   //依次入队
    }
    int cnt=0,t=1;                    //cnt 为舞曲的轮数
    while(t)
    {
        cout<<"第"<<++cnt<<"轮舞曲结束."<<endl;
        if(i==j)
            cout<<"恰好匹配，无等待者。";
        else
        {
            if(i>j)
            {
                cout<<"男士中等待的人数为："<<i-j<<endl;
                cout<<"男士\t"<<"女生\t"<<endl;
                for(k=1;k<=j;k++)
                {
                    q1.Out(temp);     //q1 出队
                    cout<<temp<<"\t"; //输出男舞者
                    q1.In(temp);      //q1 入队
                    q2.Out(temp);     //q2 出队
                    cout<<temp<<"\t"; //输出女舞者
                    q2.In(temp);      //q2 入队
                    cout<<endl;
                }
                cout<<endl;
```

```
                cout<<"男士中等待在队头的人为:";
                cout<<q1.GetFront()<<endl;
            }
            else
            {
                cout<<"女士中等待的人数为:"<<j-i<<endl;
                cout<<"女士\t"<<"男士\t"<<endl;
                for(k=1;k<=i;k++)
                {
                    q2.Out(temp);              //q2 出队
                    cout<<temp<<"\t";          //输出男舞者
                    q2.In(temp);               //q2 入队
                    q1.Out(temp);              //q1 出队
                    cout<<temp<<"\t";          //输出女舞者
                    q1.In(temp);               //q1 入队
                    cout<<endl;
                }
                cout<<"女士中等待在队头的人为:";
                cout<<q2.GetFront( )<<endl;
            }
        }
        cout<<"1.开始下一轮   0.退出"<<endl;
        cin>>t;
    }
    return 0;
}
```

首先创建两个队列 q1 和 q2。q1 用来存放男士名单，q2 用来存放女士名单。通过文件流对象读取文件 dancers.txt 中的数据，包括男士的人数和名单，女士的人数和名单。然后，分别执行队列的入队和出队操作，打印出一对一对的舞者。结束后按 "1.开始下一轮"，或者按 "0.退出"。

3.4.3 综合性案例

案例 3-5：表达式求值

【实训目的】

（1）实现将中缀表达式转换为后缀表达式的算法 trans( )。
（2）实现对后缀表达式求值的算法 compvalue( )。
（3）在 main( )函数中输入中缀表达式，调用 trans( )和 compvalue( )实现求值。建议将运算符栈和操作数栈的变化过程输出。

表达式求值

【实训内容】

对一个合法的中缀表达式求值。为了简便，假设表达式只包含+、-、×、÷四个双目运算符，操作数可以是多位整数。

【实训程序】

在 Dev C++编程环境下新建一个工程"表达式求值"，在该工程中引入顺序栈的头文件

SqStack.h 和源程序文件 Sqstack.cpp，为顺序栈增加一个成员函数 DispStack( )，修改 Push(e) 和 Pop(&e)成员函数。程序如下：

```cpp
#include "Sqstack.h"
#include "Sqstack.cpp"
template <class ElemType>
void SqStack<ElemType>::DispStack()            //输出从栈底到栈顶的元素
{
    int i;
    cout<<"当前栈为:";
    if( IsEmpty())
    {
        cout<<"空栈"<<endl;  return;
    }
    for(i=0;i<=top;i++)
        cout<<data[i]<<" ";
    cout<<endl;
}
template <class ElemType>
bool SqStack<ElemType>::Push(ElemType e){
    if(IsFull()) return false;                 //首先判断是否栈满
    top++;
    data[top]=e;
    cout<<"进栈元素:"<<e<<" ";
    DispStack();
    return true;
}
template <class ElemType>
bool SqStack<ElemType>::Pop(ElemType& e){
    if(IsEmpty()) return false;
    e=data[top];
    top--;
    cout<<"出栈元素:"<<e<<" ";
    DispStack();
    return true;
}
```

在工程"表达式求值"中新建一个源程序文件 main.cpp，该文件包括三个函数：
（1）将中缀表达式转换为后缀表达式的函数 trans( )。
（2）对后缀表达式求值的函数 compvalue( )。
（3）主函数，调用函数 trans( )和 compvalue( )，对输入的表达式求值，并输出运算符栈和操作数栈的变化。程序如下：

```cpp
#include <iostream>
#include "SqStack.cpp"                         //引入顺序栈类模板的成员函数定义
using namespace std;
#define Maxsize 100
```

```
/*将中缀表达式转换为后缀表达式*/
void trans(char *exp,char postexp[])
{
    char e;
    SqStack<char> st;              //定义运算符栈
    int i=0;                        //i 作为 postexp 的下标
    while(*exp!='\0')               //exp 表达式扫描未完成时循环
    {
        switch(*exp)
        {
            case '(':               //判定为左括号
                st.Push('(');       //左括号进栈
                exp++;              //继续扫描其他字符
                break;
            case ')':               //判定为右括号
                st.Pop(e);          //出栈元素 e
                while (e!='(')      //不为'('时循环
                {
                    postexp[i++]=e; //将 e 存放到 postexp 中
                    st.Pop(e);      //继续出栈元素 e
                }
                exp++;              //继续扫描其他字符
                break;
            case '+':               //判定为加或减号
            case '-':
                while (!st.IsEmpty())//栈不空循环
                {
                    st.GetTop(e);   //取栈顶元素 e
                    if (e!='(')     //e 不是'('
                    {
                        postexp[i++]=e;//将 e 存放到 postexp 中
                        st.Pop(e);  //出栈元素 e
                    }
                    else            //e 是'('时退出循环
                        break;
                }
                st.Push(*exp);      //将'+'或'-'进栈
                exp++;              //继续扫描其他字符
                break;
            case '*':               //判定为'*'或'/'号
            case '/':
                while(!st.IsEmpty())//栈不空循环
                {
                    st.GetTop(e);   //取栈顶元素 e
                    if(e=='*' || e=='/')//将栈顶'*'或'/'运算符出栈并存放到postexp中
                    {
                        postexp[i++]=e; //将 e 存放到 postexp 中
                        st.Pop(e);  //出栈元素 e
```

```cpp
            }
            else                        //e 为非'*'或'/'运算符时退出循环
                break;
        }
        st.Push(*exp);                  //将'*'或'/'进栈
        exp++;                          //继续扫描其他字符
        break;
    default:                            //处理数字字符
        while(*exp>='0' && *exp<='9')   //判定为数字
        {
            postexp[i++]=*exp;
            exp++;
        }
        postexp[i++]='#';               //用#标识一个数值串结束
    }
}
while(!st.IsEmpty())                    //此时 exp 扫描完毕,栈不空时循环
{
    st.Pop(e);                          //出栈元素 e
    postexp[i++]=e;                     //将 e 存放到 postexp 中
}
postexp[i]='\0';                        //给 postexp 表达式添加结束标识
}
/*对后缀表达式求值*/
double compvalue(char *postexp)
{
    double d,a,b,c,e;
    SqStack<double> Opnd;               //定义操作数栈
    while(*postexp!='\0')               //postexp 字符串未扫描完时循环
    {
        switch(*postexp)
        {
            case '+':                   //判定为'+'号
                Opnd.Pop(a);            //出栈元素 a
                Opnd.Pop(b);            //出栈元素 b
                c=b+a;                  //计算 c
                Opnd.Push(c);           //将计算结果 c 进栈
                break;
            case '-':                   //判定为'-'号
                Opnd.Pop(a);            //出栈元素 a
                Opnd.Pop(b);            //出栈元素 b
                c=b-a;                  //计算 c
                Opnd.Push(c);           //将计算结果 c 进栈
                break;
            case '*':                   //判定为'*'号
                Opnd.Pop(a);            //出栈元素 a
                Opnd.Pop(b);            //出栈元素 b
                c=b*a;                  //计算 c
```

```
                Opnd.Push(c);           //将计算结果c进栈
                break;
            case '/':                    //判定为'/'号
                Opnd.Pop(a);            //出栈元素a
                Opnd.Pop(b);            //出栈元素b
                if (a!=0)
                {
                    c=b/a;              //计算c
                    Opnd.Push(c);       //将计算结果c进栈
                    break;
                }
                else
                {
                    printf("\n\t除零错误!\n");
                    exit(0);            //异常退出
                }
                break;
            default:                     //处理数字字符
                d=0;                     //将连续的数字字符转换成对应的数值存放到d中
                while(*postexp>='0' && *postexp<='9')    //判定为数字字符
                {
                    d=10*d+*postexp-'0';
                    postexp++;
                }
                Opnd.Push(d);            //将数值d进栈
                break;
        }
        postexp++;                       //继续处理其他字符
    }
    Opnd.GetTop(e);                      //取栈顶元素e
    return e;                            //返回e
}
int main()
{
    char exp[Maxsize];
    char postexp[Maxsize];
    cout<<"请输入中缀表达式:";
    gets(exp);
    cout<<endl;
    cout<<"运算符栈的变化:"<<endl;
    trans(exp,postexp);
    cout<<endl<<"后缀表达式:"<<postexp<<endl<<endl;
    cout<<"操作数栈的变化:"<<endl;
    cout<<endl<<"表达式的值:"<<compvalue(postexp)<<endl;
    return 0;
}
```

程序运行结果如图 1-3-7 所示。

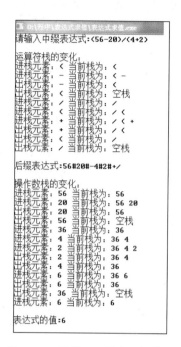

图 1-3-7　案例 3-5 程序运行结果

第 4 章

串

4.1 知识体系

知识体系如图 1-4-1 所示。

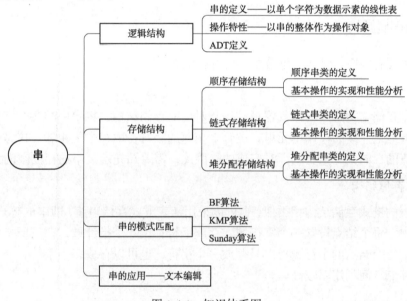

图 1-4-1 知识体系图

4.2 学习指南

（1）掌握串的基本概念及其基本运算。
（2）掌握串的存储结构。
（3）熟练掌握串的各种基本运算的实现。
（4）理解串的模式匹配运算。

4.3 内容提要

4.3.1 串的定义

串即字符串，是由零个或多个字符组成的有穷序列。一般记为：

$A="a_0a_1\cdots a_{n-1}"$

其中，A 是串名，双引号中的字符序列是串的值。串中所含字符的个数称为该串的长度。含零个字符的串称为空串，其长度为 0。由一个或多个空格组成的串是空格串，而不是空串。空格串的长度为所含空格的个数。

串中任意个连续字符组成的子序列称为该串的子串。包含子串的串称为主串。子串在主串中的位置是指子串中第一个字符在主串中的位置序号。

串是一种简单的数据结构，它的逻辑结构与线性表十分相似，区别仅在于串的数据对象是字符集。串的基本运算与线性表的基本运算有很大差别。通常在串的基本运算中，以"串的整体"作为操作对象；而在线性表的基本运算中，大多以"单个元素"作为操作对象。串的常用基本运算主要有赋值、连接、求串长、求子串、判断两个串是否相等、插入、删除和置换等运算。

4.3.2 串的存储结构

通常串主要有顺序、链式和堆分配三种存储结构。

1. 顺序存储结构

串的顺序存储结构是采用与其逻辑结构相对应的存储结构，将串中的各个字符按顺序依次存放在一组地址连续的存储单元里，逻辑上相邻的字符在内存中也相邻。这是一种静态存储结构，串值的存储分配是在编译时完成的。因此，需要预先定义串的存储空间大小。

2. 链式存储结构

与线性表的链式存储结构相类似，也可以采用链表方式存储串值，即串的链式存储结构。在链表方式中，每个结点设置一个字符域，存放字符；设一个指针域，存放所指向的下一个结点的地址。每个结点的字符域可以只存放一个字符，也可以存放多个字符，前者运算速度较快，后者存储空间利用率较高。

3. 堆分配存储结构

由于串的链式存储结构和顺序存储结构都存在不足，因此在很多实际应用中采用另一种存储结构，即堆分配存储结构。这种存储结构具有以下特点：每个串变量的串值各自占用一组地址连续的存储单元，这组地址连续的存储单元是在程序执行过程中动态分配的。系统将一个容量很大、地址连续的存储空间作为串值的存储空间，每次产生新串时，系统就会从中分配一个与串长度相同大小的空间，用于存放新串的值。

基于串的存储结构，可以实现串的各种基本运算，完成对串的处理。采用不同的存储结构，串的运算效率不同。

4.3.3 串的模式匹配运算

判断串 t 是否是串 s 的子串，如果是 s 的子串，则需要给出其在串 s 中的位置，这就是串的定位运算。通常把串 s 称为目标串，串 t 称为模式串，把串的定位运算称作模式匹配。串的模式匹配是一种较复杂的串运算，Brute-Force 算法从目标串 s 的第一个字符起和模式串 t 的第一个字符进行比较，若相等，则继续逐个比较后续字符，否则从串 s 的第二个字符起再重新和串 t 进行比较。依此类推，直至串 t 中的每个字符依次和串 s 的一个连续的字符序列相等，则称模式匹配成功，此时串 t 的第一个字符在串 s 中的位置就是 t 在 s 中的位置，否则模式匹配不成功。该算法简单易懂，但效率较低。KMP 算法对其进行了改进，消除了目标串指针的回溯，充分利用已经得到的部分匹配结果完成后续的匹配过程，避免了许多不必要的比较，从而提高了算法的效率。

4.4 实训案例概要

本章主要针对串的基本操作进行，通过具体实例，可以更好地掌握串的基本概念、基本运算及其实现，逐步培养解决实际问题的编程能力。

4.4.1 验证性实训

案例 4-1：串的基本操作

【实训目的】
（1）掌握串的堆分配存储结构。
（2）掌握串的基本运算及其实现方法。

【实训内容】
（1）实现取子串函数 SubStr(pos,len)，取从第 pos 个字符起长度为 len 的子串。
（2）实现串的连接函数 Concat(s1)，将 s1 连接在后面。
（3）实现串替换函数 Replace(pos,len,t)，用串 t 替换从第 pos 个字符起长度为 len 的子串。
（4）实现串插入函数 Insert(s,pos,t)，在串 s 的第 pos 一个字符之前插入串 t。

【实训程序】
在 Dev C++编程环境下新建一个工程"串的基本操作"，在该工程中新建一个头文件 HString.h，该头文件包括堆分配存储的串 Hstring 类的定义。程序如下：

```
#include <iostream>
using namespace std;
class HString{
    private:
        char *str;        //存储字符串的动态数组
        int  curlen;      //串长
    public:
        HString(){  curlen=0; str =NULL;}
        HString(char *s)
        {
            curlen=strlen(s);
            str=(char*) malloc(curlen*sizeof(char));
            str=s;
        }
        HString  SubStr(int pos,int len);              //取子串
        HString  Concat(HString s1);                   //串的连接
        HString  Replace(int pos,int len,HString t);   //串替换
```

```
        HString Insert(int pos,HString t);
        friend ostream & operator <<(ostream & out,const HString & e)
        {
            return out <<e.str<<endl;
        }
        friend istream & operator >>(istream & in, HString & e)
        {
            return in>>e.str;
        }
};
```

在工程"串的基本操作"中新建一个源程序文件 HString.cpp，该文件包括类 HString 中成员函数的定义。程序如下：

```
#include <iostream>
#include <string.h>
#include <stdlib.h>
#include "HString.h"
using namespace std;
/*返回第 pos 个字符起长度为 len 的子串*/
HString   HString::SubStr(int pos,int len)
{
    int i;
    HString sub;
    if(pos<0||pos>curlen-1||len<0||pos+len-1>curlen)
        exit(0);
    if(sub.str) free(sub.str);              //释放旧空间
    if(!len){                               //空子串
        sub.str=NULL;
        sub.curlen=0;
    }
    else{
        sub.str=(char*)malloc(len*sizeof(char));
        for(i=0;i<len;i++)                  //非空子串
        sub.str[i]=str[pos+i];
        sub.str[i]=0;                       //在 sub.str 的最后写入结束标志
        sub.curlen=len;
    }
    return sub;
}
/*串的连接，将 str 与 s1.str 连接并返回*/
HString HString::Concat(HString s1)
{
    int i;
    HString s;
    if(s.str)free(s.str);                   //释放旧空间
    if(!(s.str=(char*)malloc((curlen+s1.curlen)*sizeof(char))))
        exit(0);
    for(i=0;i<curlen;i++)                   //先将 str 中的字符写入 s.str
```

```cpp
        s.str[i]=str[i];
    for(i=0;i<s1.curlen;i++)              //再将 s1.str 中的字符写入 s.str
        s.str[curlen+i]=s1.str[i];
    s.str[curlen+s1.curlen]=0;            //在 s.str 的最后写入结束标志
    s.curlen=curlen+s1.curlen;            //给 s 的串长赋值
    return s;
}
/*用串 t 替换从第 pos 个字符起长度为 len 的子串*/
HString HString::Replace(int pos,int len,HString t)
{
    int k,n;
    n=curlen-len+t.curlen;                //替换后新串的长度
    HString ch;
    if(!(ch.str=(char*)malloc(n*sizeof(char))))
        exit(0);
    if(pos<0||pos>curlen-1||pos+len-1>curlen)
        exit(0);                          //参数不正确时返回空串
    /*将 str[0]～str[pos-1]复制到 ch.str */
    for(k=0;k<pos;k++)
        ch.str[k]=str[k];
    /*将 t.str[0]～t.str[t.curlen-1] 复制到 ch.str*/
    for(k=0;k<t.curlen;k++)
        ch.str[pos+k]=t.str[k];
    /*将 str[pos+len]～s.str[s.curlen-1]复制到 ch.str*/
    for(k=pos+len;k<curlen;k++)
        ch.str[k-len+t.curlen]=str[k];
    ch.curlen=n;                          //更新 ch 的串长
    ch.str[n]=0;
    return ch;
}
/*在第 pos 个字符之前插入串 t*/
HString HString::Insert(int pos,HString t)
{
    int j,n;
    HString ch;
    n=curlen+t.curlen;                    //插入后新串的长度
    if(!(ch.str=(char*)malloc(n*sizeof(char))))
        exit(0);
    if(pos<0||pos>curlen)
        exit(0);
    /*将 str[0]～str[pos-1]复制到 ch.str*/
    for(j=0;j<pos;j++)
        ch.str[j]=str[j];
    /*将 t.str[0]～t.str[t.curlen-1]复制到 ch.str*/
    for(j=0;j<t.curlen;j++)
        ch.str[pos+j]=t.str[j];
    /*将 str[pos]～str[curlen-1]复制到 ch.str*/
    for(j=pos;j<curlen;j++)
```

```
            ch.str[j+t.curlen]=str[j];
        ch.curlen=n;
        return ch;
}
```

在工程"串的基本操作"中新建一个源程序文件 main.cpp，该文件包括主函数。程序如下：

```
#include <iostream>
#include <stdlib.h>
#include "HString.cpp"                    //引入 Hstring 类的成员函数的定义
using namespace std;
int main(){
    char str1[]="Welcome to Beijing",str2[]="Qingdao";
    char *a=str1,*b=str2;
    HString s1(a),s2(b),sub,s;
    sub=s1.SubStr(0,10);
    cout<<sub;
    cout<<sub.Concat(s2);
    cout<<s1.Replace(11,7,s2);
    cout<<s1.Insert(10,s2);
}
```

程序运行结果如图 1-4-2 所示。

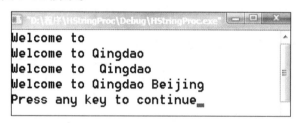

图 1-4-2　案例 4-1 程序运行结果

4.4.2　设计性实训

案例 4-2：串的应用实例

【实训目的】

加深对串的理解，培养解决实际问题的编程能力。

【实训内容】

一个文本串可用事先给定的字母映射表进行加密。例如，设字母映射表为：

a b c d e f g h i j k l m n o p q r s t u v w s y z
q w e r t y u i o p a s d f g h j k l z x c v b n m

则字符串 encrypt 被加密为 tfeknhz。编写程序实现以下目标。

（1）将输入的文本串进行加密后输出。

（2）将输入的加密文本串进行解密后输出。

解题思路：加密可以用两个串中字符的一一对应关系来实现，当输入一个字符时，在串 1 中查找其位置，然后用串 2 中相应位置的字符去替换原来的字符。解密则恰恰相反。

【实训程序】

```cpp
#include<stdio.h>
#include<string.h>
#include <iostream>
using namespace std;
#define Maxlen 100
/*串匹配，查找c在字符数组S中的位置*/
int StrMatch(char *S,char c)
{   int i;
    for(i=0;i<strlen(S);i++)
        if(c==S[i]) return i;        //匹配成功，返回位置
    return -1;                       //映射表中没有相应字符
}
//对文本串进行加密
void Encrypt(char *T)
{   int i,m;
    char *Original="abcdefghijklmnopqrstuvwsyz";
    char *Cipher="qwertyuiopasdfghjklzxcvbnm";
    for(i=0;i<strlen(T);i++){
        m=StrMatch(Original,T[i]);
        if(m!=-1)                    //如果T[i]在Original数组中存在
            T[i]=Cipher[m];
    }
    cout<<T;
}
/*对文本串进行解密*/
void Decipher(char *T)
{   int i,m;
    char *Original="abcdefghijklmnopqrstuvwsyz";
    char *Cipher="qwertyuiopasdfghjklzxcvbnm";
    for(i=0;i<strlen(T);i++){
        m=StrMatch(Cipher,T[i]);
        if(m!=-1)                    //如果T[i]在Cipher数组中存在
            T[i]=Original[m];
    }
    cout<<T;
}
int main()
{
    char in[Maxlen];
    cout<<"Enter a String:(len<"<<Maxlen<<")"<<endl;
    cin>>in;
    Encrypt(in);
    cout<<"\nEnter a encrypted string: (len<"<<Maxlen<<")"<<endl;
    cin>>in;
```

```
        Decipher(in);
        return 0;
}
```

程序运行结果如图 1-4-3 所示。

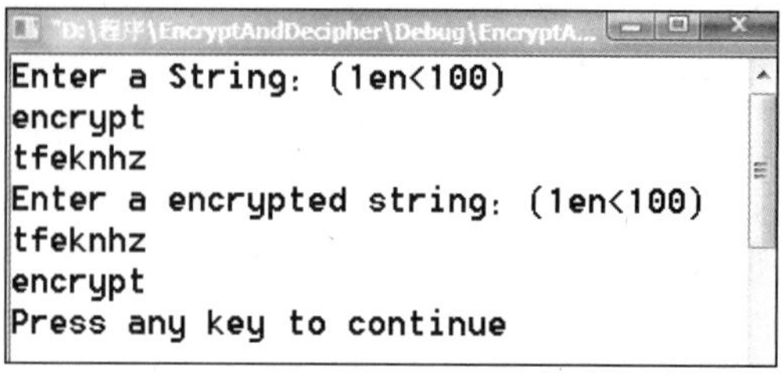

```
Enter a String: (1en<100)
encrypt
tfeknhz
Enter a encrypted string: (1en<100)
tfeknhz
encrypt
Press any key to continue
```

图 1-4-3　案例 4-2 程序运行结果

第 5 章

数组和广义表

5.1 知识体系

知识体系如图 1-5-1 所示。

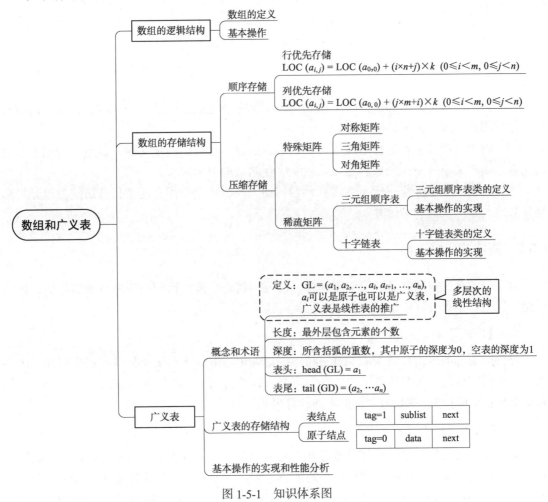

图 1-5-1 知识体系图

5.2 学习指南

（1）掌握数组和广义表的定义，理解数组和广义表都是线性表的推广。

（2）掌握数组元素的地址计算方法。
（3）掌握矩阵压缩存储的原则，学会设计压缩存储方案。
（4）掌握稀疏矩阵的三元组存储结构及其基本操作的实现。
（5）掌握广义表的存储结构及其基本操作的实现。
（6）学会编写递归算法。

5.3 内容提要

数组和广义表都属于扩展的线性表，所以它们的基本操作和实际应用包含了前面所讲的线性表的所有内容，并且由于它们自身的特点，以及新增的基本操作，大幅拓展了其应用领域。

5.3.1 数组

（1）数组（Array）是由 n（$n>1$）个相同类型数据元素 $a_0, a_1,..., a_i,..., a_{n-1}$ 构成的有限序列，根据数组元素 a_i 的组织形式不同，数组可以分为一维数组、二维数组以及多维（n 维）数组。

（2）数组中每个元素都是由一个值和一组下标来确定的。同线性表一样，数组中的所有数据元素都必须属于同一数据类型。

（3）由于数组一般不进行删除或插入运算，所以一旦数组被定义后，数组中的元素个数和元素之间的关系就不再变动。通常采用顺序存储结构表示数组。

（4）数组的基本操作一般不会含有元素的插入或删除等操作，通常只有访问数组元素和改变数组元素的值这两种运算。

5.3.2 矩阵的压缩存储

为了节省存储空间并且加快处理速度，需要对特殊矩阵和稀疏矩阵进行压缩存储，压缩存储的原则：不重复存储相同元素；不存储零值元素。

1. 特殊矩阵

对特殊矩阵的压缩存储实质上就是将二维矩阵中的部分元素按照某种方案排列到一维数组中，不同的排列方案对应着不同的存储方案，设置排列方案的同时应该给出从二维矩阵元素的下标值 i 和 j 到一维数组下标值 k 的计算公式。

2. 稀疏矩阵

非零元素无明显规律，通常只考虑非零元素的存储。为了能够容易地找到矩阵中的任何元素，在存储非零元素时必须增加一些附加信息加以辅助，三元组法就是这样做的，它存储了行号、列号和元素值。三元组法具体采用哪种实现形式，取决于应用中矩阵的形态以及主要进行什么样的运算，具体可以分为三元组顺序表和十字链表两种形式。

5.3.3 广义表

（1）广义表是一种多层次的线性结构，主要用于人工智能领域的表处理语言 LISP。

（2）广义表是一种递归的数据结构，其存储结构显然要比线性表复杂得多。表中的数据元素可以有不同的结构，既可以是原子项，也可以是广义表，所以很难用顺序存储结构表示。通常采用链表存储结构。

（3）由于广义表是一种递归的数据结构，所以对广义表的运算一般采用递归的算法。

5.4 实训案例概要

本章主要针对数组和广义表的实际应用展开，在案例中还给出了递归程序设计的基本过程。通过本章案例可以更好地理解以前在高级语言中所学的数组的应用，并且学会设计简单的递归程序。

5.4.1 验证性实训

案例 5-1：稀疏矩阵（采用三元组表示）的基本运算的实现

【实训目的】

理解稀疏矩阵三元组的存储结构及其基本算法设计。

【实训内容】

假设 $n×n$ 的稀疏矩阵 A 采用三元组表示，设计一个程序，实现如下功能：

（1）生成给定的两个稀疏矩阵的三元组表示 M1 和 M2。

（2）输出 M1 转置矩阵的三元组。

（3）输出 M1+M2 的三元组。

【实训程序】

在 Dev C++编程环境下新建一个工程"稀疏矩阵"，在该工程中新建一个头文件 TSMatrix.h，该头文件包括稀疏矩阵类模板 TSMatrix 的定义。程序如下：

```
#define N 100
const int defaultSize=100;
template <class T>
struct Trinumsple{
    int row,col;
    T value;
    Trinumsple<T> & operator=(Trinumsple <T>& x)    //重载赋值运算符
    { row=x.row;col=x.col; value=x.value; return *this; }
};
template <class ElemType>
class TSMatrix{    //稀疏矩阵类模板的定义
    public:
        TSMatrix(int maxsize=defaultSize);                //构造函数
        //TSMatrix(TSMatrix<ElemType> &x);                //复制构造函数
        ~TSMatrix(){delete[] TSArray;}                    //析构函数
        TSMatrix<ElemType>& operator=(const TSMatrix <ElemType>& M);
        void CreateMat(ElemType A[N][N]);
        void DispMat();
```

```cpp
        bool MatAdd(TSMatrix<ElemType> a,TSMatrix<ElemType> &b);
        TSMatrix<ElemType> Transpose();              //矩阵转置
        TSMatrix<ElemType> FastTranspose();          //矩阵的快速转置
    private:
        int rows,cols,nums;              //分别是行数、列数和非零元素的个数
        Trinumsple<ElemType> *TSArray;   //非零元三元组表,动态分配空间
        int maxTerms;                    //在三元组表TSArray中三元组个数的最大值
};
```

在工程"稀疏矩阵"中新建一个源程序文件 TSMatrix.cpp，该文件包括类模板 TSMatrix 中成员函数的定义。程序如下：

```cpp
#include <iostream>
#include <stdlib.h>
#include "TSMatrix.h"        //引入TSMatrix类模板的声明
using namespace std;
template<class ElemType>
void TSMatrix<ElemType>::CreateMat(ElemType A[N][N])
{
    int i,j;
    rows=N;cols=N;nums=0;
    for(i=0;i<N;i++)
    {
        for(j=0;j<N;j++)
            if(A[i][j]!=0)
            {
                TSArray[nums].row=i;TSArray[nums].col=j;
                TSArray[nums].value=A[i][j];nums++;
            }
    }
}
template<class ElemType>
void TSMatrix<ElemType>::DispMat()
{
    int i;
    if(nums<=0) return;
    cout<<"\t行数\t列数\t个数"<<endl;
    cout<<"\t"<<rows<<"\t"<<cols<<"\t"<<nums<<endl;
    cout<<"\t行号\t列号\t值"<<endl;
    for (i=0;i<nums;i++)
    cout<<"\t"<<TSArray[i].row<<"\t"<<TSArray[i].col<<"\t"<<TSArray[i].value<<endl;
}
template<class ElemType>
TSMatrix<ElemType>::TSMatrix(int maxsize):maxTerms(maxsize)//构造函数
{
    if(maxsize<1){ cerr<<"矩阵大小错误!"<<endl;exit(1);}
    TSArray=new Trinumsple<ElemType> [maxsize];  //为TSArray动态分配空间
    if(TSArray==NULL){ cerr<<"存储分配错误!"<<endl;exit(1);}
```

```cpp
    rows=cols=nums=0;
}
template<class ElemType>
TSMatrix<ElemType>& TSMatrix<ElemType>::operator=(const TSMatrix<ElemType>& M)
{   //赋值运算符重载函数
    if(maxTerms<M.maxTerms)
    {
        delete[] TSArray;
        TSArray=new Trinumsple<ElemType> [M.maxTerms];
    }
    rows=M.rows; cols=M.cols; nums=M.nums;
    for(int i=0;i<M.nums;i++)
        TSArray[i]=M.TSArray[i];
    maxTerms=M.maxTerms;
    return *this;
}
/*矩阵的快速转置*/
template<class ElemType>
TSMatrix<ElemType> TSMatrix<ElemType>::FastTranspose()
{
    int *colsm=new int[cols];
    int *rpos=new int[cols];
    TSMatrix<ElemType> b(maxTerms);
    b.rows=cols; b.cols=rows; b.nums=nums;
    int col,j,i;
    for(i=0; i<cols; i++)    colsm[i]=0;
    //求每一列含非零元素的个数存储在 colsm 数组
    for(i=0; i<nums; i++) colsm[TSArray[i].col]++;
    rpos[0]=0;
    for(col=1; col<cols; col++)
        //求第 col 列中第一个非零元在 b 矩阵的 TSArray 数组中的位置
        rpos[col]=rpos[col-1]+colsm[col-1];
    for(i=0; i<nums; i++)         //扫描每一个非零元素
    {
        //求得当前非零元在 b. TSArray 中的位置 j
        j= rpos[TSArray[i].col];
        b.TSArray[j].row=TSArray[i].col;
        b.TSArray[j].col=TSArray[i].row;
        b.TSArray[j].value=TSArray[i].value;
        rpos[TSArray[i].col]++;
    }
    delete[] colsm;
    delete[] rpos;
    return b;
}
/*求两个矩阵的和,结果存储在 b 中*/
template<class ElemType>
bool TSMatrix<ElemType>::MatAdd(TSMatrix<ElemType> a,TSMatrix<ElemType> &b)
```

```
{
    int i=0,j=0,k=0;
     ElemType v;
     if(rows!=a.rows ||cols!=b.cols)
        return false;                    //行数或列数不等时矩阵不能相加
    b.rows=rows;b.cols=cols;
    while(i<nums&&j<a.nums)              //处理两个矩阵的每个元素
    {   if(TSArray[i].row==a.TSArray[j].row)    //行号相等时
        {
            if(TSArray[i].col<a.TSArray[j].col)
            {   //将this->TSArray[i]加入到b.TSArray中
                b.TSArray[k].row=TSArray[i].row;
                b.TSArray[k].col=TSArray[i].col;
                b.TSArray[k].value=TSArray[i].value;
                k++;i++;
            }
            else if (TSArray[i].col>a.TSArray[j].col)
            {   //将a.TSArray[i]加入到b.TSArray中
                b.TSArray[k].row=a.TSArray[j].row;
                b.TSArray[k].col=a.TSArray[j].col;
                b.TSArray[k].value=a.TSArray[j].value;
                k++;j++;
            }
            else          //列号相等
            {
                v=TSArray[i].value+a.TSArray[j].value;
                if(v!=0)  //值相加的和不为0时加入
                {
                    b.TSArray[k].row=TSArray[i].row;
                    b.TSArray[k].col=TSArray[i].col;
                    b.TSArray[k].value=v;
                    k++;
                }
                i++;j++;
            }
        }
        else if(TSArray[i].row<a.TSArray[j].row)
        {   //this-> TSArray[i]的行号小于a. TSArray[j]的行号
            b.TSArray[k].row=TSArray[i].row;
            b.TSArray[k].col=TSArray[i].col;
            b.TSArray[k].value=TSArray[i].value;
            k++;i++;
        }
        else
        {   // this->TSArray[i]的行号等于a.TSArray[j]的行号
            b.TSArray[k].row=a.TSArray[j].row;
            b.TSArray[k].col=a.TSArray[j].col;
            b.TSArray[k].value=a.TSArray[j].value;
```

```
            k++;j++;
        }
        b.nums=k;
    }
    return true;
}
```

在工程"稀疏矩阵"中新建一个源程序文件 main.cpp，该文件包括主函数。程序如下：

```
#include <iostream>
#include <stdlib.h>
#include "TSMatrix.cpp"      //引入头 TSMatrix 类模板的成员函数的定义
using namespace std;
int main()
{
    TSMatrix<int> M1,M2,M3;
    int A[N][N]={{1,0,3,0},{0,1,0,0},{0,0,1,0 },{0,0,1,1}};
    int B[N][N]={{3,0,0,0},{0,4,0,0},{0,0,1,0 },{0,0,0,2}};
    M1.CreateMat(A);
    M2.CreateMat(B);
    cout<<"M1 的三元组表:"<<endl; M1.DispMat();
    cout<<"M2 的三元组表:"<<endl; M2.DispMat();
    M3= M1.FastTranspose();
    cout<<"M1 转置为 M3, M3 的三元组表:"<<endl;M3.DispMat();
    M1.MatAdd(M2,M3);
    cout<<"M1＋M2 的三元组表:"<<endl;M3.DispMat();
    return 0;
}
```

程序运行结果如图 1-5-2 所示。

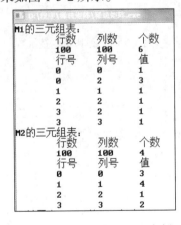
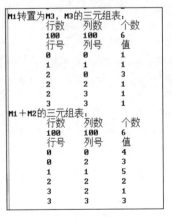

图 1-5-2　案例 5-1 程序运行结果

案例 5-2：广义表的基本运算

【实训目的】

掌握用广义表的链式存储结构及其基本操作的实现。

【实训内容】
编写程序实现广义表的各种运算，并在此基础上设计一个主程序，完成如下功能：
（1）建立广义表的链式存储结构。
（2）输出广义表的表头。
（3）输出广义表的表尾。
（4）输出广义表的长度。
（5）输出广义表的深度。

【实训程序】
在 Dev C++编程环境下新建一个工程"广义表"，在该工程中新建一个头文件 GList.h，该头文件包括广义表类 Glist 的定义。程序如下：

```cpp
typedef char ElemType;
struct GLNode                    //广义表的结点类型
{
    int tag;                     //结点类型标识，0是原子，1是表/子表
    union
    {
        ElemType data;           //原子值
        GLNode *sublist;         //指向子表的指针
    } val;
    GLNode *next;                //指向下一个元素（又称兄弟）的指针
    GLNode(int type=1,char value ='\0')    //广义表结点类型的构造函数
    :tag(type), next(NULL){
        if(type==0) val.data=value;
    }
};
class GList{//广义表类的定义
    public:
        GList( char *&str ):link(NULL)              //构造函数
        {link=CreateGList(str);}
        GList(const GList &x)                        //拷贝构造函数
        {link=GListCopy(x.link);}
        ~GList(){ }                                  //析构函数
        GListDepth(){GListDepth(link);}              //求广义表的深度
        int GListLength();                           //求广义表的长度
        void DispGList(){ DispGList(link); }         //输出广义表
        GLNode *GetHead();                           //求表头
        GLNode *GetTail();                           //求表尾
    private:
        GLNode *link;                                //指向广义表的表头结点的指针
        GLNode * CreateGList(char *&s);
        GLNode * GListCopy(GLNode *h);
        int  GListDepth(GLNode *h);
        void DispGList(GLNode *h);
        GLNode * GetTail(GLNode *h);
};
```

在工程"广义表"中新建一个源程序文件 GList.cpp，该文件包括广义表类 GList 中成员函数的定义。程序如下：

```cpp
#include <iostream>
#include <stdlib.h>
#include "GList.h"                          //引入 GList 类的头文件
using namespace std;
int GList::GListLength()                    //求广义表的长度
{
    int n=0;
    GLNode *g1;
    g1=link->val.sublist;                   //g1 指向广义表的第一个元素
    while(g1!=NULL)
    {
        n++;                                //累加元素个数
        g1=g1->next;
    }
    return n;
}

int GList::GListDepth( GLNode *h)           //求以 h 为头结点指针的广义表的深度
{
    GLNode *g1;
    int maxd=0,dep;
    if(h->tag==0)                           //为原子时返回 0
        return 0;
    g1=h->val.sublist;                      //g1 指向第一个元素
    if(g1==NULL)                            //为空表时返回 1
        return 1;
    while(g1!=NULL)                         //遍历表中的每一个元素
    {
        if(g1->tag==1)                      //元素为子表的情况
        {
            dep=GListDepth(g1);             //递归调用求出子表的深度
            if(dep>maxd)                    //maxd 为同一层所求过的子表中深度的最大值
                maxd=dep;
        }
        g1=g1->next;                        //使 g1 指向下一个元素
    }
    return(maxd+1);                         //返回广义表的深度
}

GLNode * GList::CreateGList( char *&s)
//创建由括号表示法表示 s 的广义表链式存储结构
{
    GLNode *g;
    char ch=*s++;                           //取一个字符
    if(ch!='\0')                            //串末结束判断
```

```cpp
    {
        g=(GLNode *)malloc(sizeof(GLNode));        //创建一个新结点
        if(ch=='(')                                //当前字符为'('时
        {
            g->tag=1;                              //新结点作为表头结点
            g->val.sublist=CreateGList(s);         //递归构造子表
        }
        else if (ch==')')
            g=NULL;                                //遇到')'字符,g置为空
        else if (ch=='#')                          //'#'字符表示为空表
            g=NULL;
        else                                       //为原子字符
        {
            g->tag=0;                              //新结点作为原子结点
            g->val.data=ch;
        }
    }
    else                                           //串结束,g置为空
        g=NULL;
    ch=*s++;                                       //取下一个字符
    if(g!=NULL)                                    //继续构造兄弟结点
        if(ch==',')                                //当前字符为','
            g->next=CreateGList(s);                //递归构造兄弟结点
        else                                       //没有兄弟了,将兄弟指针置为NULL
            g->next=NULL;
    return g;
}
void GList::DispGList(GLNode *h)                   //输出以h为头结点指针的广义表
{
    if(h!=NULL)                                    //表不为空
    {
        if(h->tag==0)                              //为原子时
            cout<<h->val.data;                     //输出原子值
        else                                       //为子表时
        {
        cout<<"(";                                 //输出'('
        if(h->val.sublist==NULL)                   //为空表时
            cout<<" ";
        else                                       //为非空子表时
            DispGList(h->val.sublist);             //递归输出子表
        cout<<")";                                 //输出')'
        }
        if (h->next!=NULL)
        {
            cout<<",";                             //输出','
            DispGList(h->next);                    //递归输出后继表的内容
        }
    }
```

```cpp
}
GLNode * GList::GListCopy(GLNode *h)
{
    GLNode *q;
    if(h==NULL)                              //为空表时
        q=NULL;
    else                                     //为非空表时
    {
        q=new GLNode;                        //创建新结点
        q->tag=h->tag;
        if(h->tag==1)                        //为表/子表时
            q->val.sublist=GListCopy(h->val.sublist);
        else
            q->val.data=h->val.data;         //为原子时
        q->next=GListCopy(h->next);          //递归调用复制后继表的内容
    }
    return q;
}
GLNode * GList::GetHead( )                   //求表头
{
    if(link==NULL)                           //空表不能求表头
    { cout<<"空表不能求表头\n"; return NULL; }
    else if(link->tag==0)                    //原子不能求表头
    { cout<<"原子不能求表头\n"; return NULL; }
    GLNode *p=link->val.sublist;             //p指向第一个元素
    GLNode *q,*t;
    if(p->tag==0)                            //p为原子结点时,创建新结点
    {
        q=new GLNode; q->tag=0;
        q->val.data=p->val.data; q->next=NULL;
    }
    else                                     //p为子表时,构造虚子表t
    {
        t=new GLNode; t->tag=1;
        t->val.sublist=p->val.sublist; t->next=NULL;
        q=GListCopy(t);                      //将虚子表t复制到q
        delete t;
    }
    return q;                                //返回q
}
GLNode * GList::GetTail( )                   //求表尾
{
    if(link==NULL)                           //空表不能求表尾
    { cout<<"空表不能求表尾\n"; return NULL; }
    else if(link->tag==0)                    //原子不能求表尾
    { cout<<"原子不能求表尾\n"; return NULL;}
    GLNode *p=link->val.sublist->next;       //p为空或指向第二个元素结点
    GLNode *q,*t;
    //创建一个虚表t
```

```cpp
    t=new GLNode; t->tag=1; t->next=NULL;
    t->val.sublist=p;
    q=GListCopy(t);
    delete t;
    return q;
}
```

在工程"广义表"中新建一个源程序文件 main.cpp,该文件包括主函数。程序如下:

```cpp
#include <iostream>
#include <stdlib.h>
#include "GList.cpp"      //引入 GList 类的源文件
using namespace std;
//输出 p 所指的表或原子
void print(GLNode *p){
    GLNode *p1;
    if(p==NULL) return;
    else
        if(p->tag==0){ cout<<p->val.data;return;}
        else {
            cout<<"(";
            p1=p->val.sublist;
            while(p1){
                if(p1==NULL) return;
                else if(p1->tag==0) cout<<p1->val.data;
                else print(p1);
                if(p1->next!=NULL) cout<<",";
                p1=p1->next;
            }
        }
    cout<<")";
}
int main()
{
    char *str="((b),x,b,(c,x))";
    GList L(str);
    cout<<"广义表 L:";
    L.DispGList();
    cout<<endl;
    GLNode * p=L.GetHead();
    cout<<"表头:"; print(p);cout<<endl;
    cout<<"表尾:"; p=L.GetTail(); print(p);cout<<endl;
    GList L2(L);
    cout<<"L 复制得到 L2 广义表:";
    L2.DispGList();  cout<<endl;
    cout<<"从 L2 广义表中删除 x 后:";
    if(L2.DelNode('x')) L2.DispGList();   cout<<endl;
    cout<<"L2 广义表的深度:"<<L2.GListDepth()<<",长度:"<<L2.GListLength()<<endl;
    return 1;
}
```

程序运行结果如图 1-5-3 所示。

```
广义表L: ((b),x,b,(c,x))
表头: (b)
表尾: (x,b,(c,x))
L复制得到L2广义表: ((b),x,b,(c,x))
从L2广义表中删除x后: ((b),b,(c))
L2广义表的深度: 2,长度: 3
```

图 1-5-3　案例 5-2 程序运行结果

5.4.2　设计性实训

案例 5-3：汉诺塔问题

【实训目的】
学会利用递归程序解决问题。

【实训内容】
现有 3 个分别命名为 X、Y 和 Z 的塔座，在塔座 X 从上到下依次排列着编号为 1, 2, 3, …, n 的盘子，这 n 个盘子大小各不相同，编号越大盘子也越大。现要求将塔座 X 上的 n 个盘子移到塔座 Z 上，仍按原次序存放。盘子移动时必须遵循以下规则：一次只能移动一个盘子，盘子只能放在塔座 X、Y 和 Z 上，任何时候也不允许较大的盘子放在较小的盘子上面。编制程序给出移动过程。

分析过程：递归实际上就是将一个不能解或不好解的"大问题"，转化成一个或几个"小问题"来解决，再把这些小问题转化成更小的问题，如此分解下去，直至每个"小问题"可以很方便地直接解决（此时便是递归的出口）。本题可以这样解决：

（1）先将 n–1 个盘子从塔座 X 移到塔座 Y 上。
（2）将最大的编号为 n 的盘子移到塔座 Z 上。
（3）再将塔座 B 上的 n–1 个盘子移到塔座 Z 上。第（1）步和第（3）步就是整个"大问题"分解转化得到的"小问题"，而第（2）步是简化到可以直接解决的更小的问题。

【实训程序】

```cpp
#include <iostream>
using namespace std;
void hanoi(int n,char x,char y,char z)
{
    if(n==1)              //递归的终止条件
        cout<<"\n将 1 号盘子从塔座"<<x<<"移到塔座"<<z<<"上";
    else
    {
        hanoi(n-1,x,z,y);
        cout<<"\n将"<<n<<"号盘子从塔座"<<x<<"移到塔座"<<z<<"上";
        hanoi(n-1,y,x,z);
    }
}
int main()
{
    int n;
    cout<<"请输入盘子的个数 n:"<<endl;
    cin>>n;                //输入盘子的个数
    hanoi(n,'X','Y','Z');
    return 0;
}
```

第 6 章

树和二叉树

6.1 知识体系

知识体系如图 1-6-1 所示。

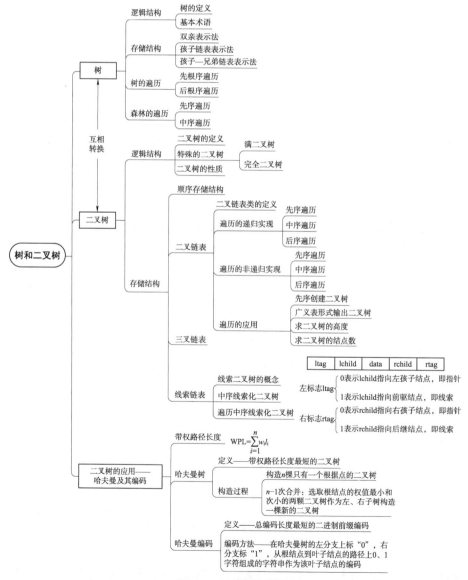

图 1-6-1 知识体系图

6.2 学习指南

（1）了解树和森林的概念，包括树和森林的定义、基本术语。
（2）熟练掌握二叉树的结构特性，熟悉二叉树的各种存储结构的特点及适用范围。
（3）熟练掌握二叉树的遍历方法及算法。
（4）熟悉树的各种存储结构及其特点，掌握树、森林与二叉树的转换方法。
（5）掌握建立哈夫曼树和哈夫曼编码的方法及带权路径长度（WPL）的计算。
（6）学会编写二叉树的各种操作的算法。

6.3 内容提要

树状结构简称树。树是一种递归的数据结构，是一种非常重要的非线性结构。数据元素之间存在一对多的关系，它为计算机应用中出现的具有以分支关系定义的层次结构数据提供了一种自然的表示方法。

6.3.1 树

1. 树的概念

树是 n（$n>0$）个结点的有限集，满足：
（1）有且仅有一个特殊的结点，称为根。
（2）其余的结点可分为 m（$m \geq 0$）个互不相交的有限集 $T_1, T_2, …, T_m$，其中每个集合本身又是一棵树，称为其根的子树。

2. 树的逻辑结构特征

树中任一结点都可以有零个或多个直接后继（孩子）结点，但至多只能有一个直接前驱结点。树状结构是非线性的层次型结构，有四种表示方法：树状表示法、嵌套（文氏图）表示法、凹入表示法和广义表表示法。

3. 树的存储结构

树既可以采用顺序结构存储，也可以采用链式结构存储。由于树是一种非线性结构，一般采用链式结构存储。常用的存储方法有：
（1）双亲存储表示法，这是一种顺序存储结构。
（2）孩子存储表示法，这是一种链式存储结构。
（3）孩子兄弟存储表示法，又称二叉链表表示法。

4. 树的基本操作

树的基本操作包括树的遍历（前序遍历树和后序遍历）、树与二叉树之间的转换等。

6.3.2 二叉树

1. 二叉树

二叉树是 n（$n\geq 0$）个结点的有限集，它或者是空树（$n=0$），或者是由一个根结点和左子树和右子树两个互不相交的二叉树组成。

（1）两种特殊的二叉树。
- 满二叉树：深度为 k 且共有 2^k-1 个结点的二叉树。
- 完全二叉树：深度为 k 有 n 个结点的二叉树，其中每一个结点都与深度为 k 的满二叉树中编号从 1 到 n 的结点一一对应。

（2）二叉树的主要性质。
- 二叉树上第 i 层上的结点数目最多为 2^{i-1}（$i\geq 1$）。
- 深度为 k 的二叉树至多有 2^k-1 个结点（$k\geq 1$）。
- 在任意一棵二叉树中，若终端结点的个数为 n_0，度为 2 的结点数为 n_2，则 $n_0=n_2+1$。
- 有 n 个结点的完全二叉树的深度为 $\lfloor \log_2 n \rfloor + 1$。
- 对于完全二叉树，若从上至下、从左至右编号，则编号为 i 的结点，其左孩子的编号必为 $2i$，其右孩子的编号必为 $2i+1$，其双亲的编号必为 $\lfloor i/2 \rfloor$。

（3）二叉树的存储结构。二叉树也可采用顺序或链式两种结构存储。
- 顺序存储结构。采用顺序存储结构存储一棵二叉树时，必须首先对该树中每个结点进行编号，树中各结点的编号应与等深度的满二叉树中对应位置上结点的编号相同，然后以各结点的编号为下标，将各结点的值存储到一维数组的对应下标单元中。即从根结点起，从上层到下层，每层从左往右编号就得到了存放的次序，用一组连续的存储单元依次存放二叉树中数据元素。二叉树的顺序存储适宜用于完全二叉树。

当二叉树是一单支树时（即树中无度为 2 的结点），采用顺序存储结构存储有 n 个结点的二叉树需要 $2k-1$ 个存储单元。空间浪费十分巨大。所以，通常采用链式存储结构存储二叉树。

- 链式存储结构。根据二叉树的特点，每个结点有一个双亲（根结点除外）和至多两个称为左、右孩子的结点，因此把每个结点分成几部分：一部分存放结点本身信息，另一部分设置指针域，分别存放左、右孩子的地址或双亲的地址。有二叉链表和三叉链表几种存储形式。

2. 线索二叉树

在二叉树中按某种遍历顺序，求某给定结点的前驱或后继较难，必须对二叉树进行遍历，这将浪费大量的运算时间。由于在二叉链表表示的二叉树中大量的终端结点的左右指针域都为空，浪费较大，将这些域用来指向结点的前驱或后继，就形成了线索二叉树。将二叉树转化为线索二叉树的过程称为线索化。

3. 二叉树的运算

根据对二叉树的定义以及对二叉树采用链式存储结构，有关二叉树的运算如下：
（1）InitBitree(&T)：初始化操作（建立一棵空的二叉树）。

（2）ClearBiTree(&T)：将二叉树 T 清为空树。

（3）BiTreeEmpty(T)：判定二叉树 T 是否为空二叉树。

（4）BiTreeDepth(T)：求二叉树 T 的深度。

（5）Root(T)：求二叉树的根结点。

（6）Parent(T,x)：求二叉树 T 中结点 x 的双亲结点。

（7）Lchild(T,x)：求结点 x 的左孩子结点。若无左孩子，则返回"空"。

（8）Rchild(T,x)：求结点 x 的右孩子结点。若无右孩子，则返回"空"。

（9）Creatree(&T)：创建二叉树 T。

（10）DelChild(T,p,LR)：根据 LR 为 0 或 1，删除二叉树 T 中 p 所指结点的子树。

（11）Traverse(T)：遍历或访问二叉树 T。

（12）PreOrderTraverse(T,Visit( ))：前序遍历二叉树 T。

（13）InOrderTraverse(T,Visit( ))：中序遍历二叉树 T。

（14）PostOrderTraverse(T,Visit( ))：后序遍历二叉树 T。

二叉树的运算较多，将在下一节讨论有关二叉树运算的部分算法。其他运算的算法及 C 语言源程序由读者自行设计，并上机调试。

4．遍历二叉树

根据访问结点的次序不同可得三种遍历：前序遍历、中序遍历和后序遍历。

5．线索二叉树

利用二叉链表中的 $n+1$ 个空指针域来存放指向某种遍历次序下的前驱结点和后继结点的指针，这些附加的指针就称为"线索"，加上线索的二叉树表就称为线索二叉树。

6.3.3　哈夫曼树、哈夫曼编码

1．树的带权路径长度

树的带权路径长度即树中所有叶子结点的带权路径长度之和，通常记作：

$$\text{WPL} = \sum_{i=1}^{n} w_i l_i$$

其中，w_i 为第 i 个叶子结点的权值，l_i 为从该结点到根结点的路径长度。

2．哈夫曼树

哈夫曼（Huffman）树又称最优二叉树，它是 n 个带权叶子结点构成的所有二叉树中，带权路径长度最小的二叉树。

哈夫曼树的应用非常广泛，例如，哈夫曼编码、哈夫曼树在数据压缩算法中的应用、哈夫曼树在判定问题中的应用等。其中最典型的应用就是哈夫曼编码。

3．哈夫曼编码

哈夫曼编码即结点的最优前缀码。其特点是：权值越大的叶结点离根越近。在哈夫曼树中将其左分支上标"0"，右分支标"1"，则从根结点到叶子结点的路径上 0、1 字符组成的字符串即为该叶子结点的哈夫曼编码。

6.4 实训案例概要

本章主要针对二叉树的操作及其实际应用展开，案例中给出了二叉树在实际应用中的典型实例——哈夫曼编码，通过本章案例可以更好地将二叉树与客观现实中具有层次结构的问题联系起来。

6.4.1 验证性实训

案例 6-1：二叉树的基本操作

【实训目的】
（1）掌握二叉链表存储结构和二叉树的建立过程。
（2）掌握二叉树的各种基本操作。
（3）加深对二叉树的理解，逐步培养解决实际问题的编程能力。

【实训内容】
（1）定义二叉链表存储结构。
（2）实现二叉树的创建。
（3）输出二叉树。
（4）输出二叉树的结点总数和高度。
（5）实现二叉树的先序、中序和后序遍历。

【实训程序】
在 Dev C++编程环境下新建一个工程"二叉树的基本操作"，在该工程中新建一个头文件 BiTree.h，该头文件包括二叉链表类模板 BiTree 的定义。程序如下：

```cpp
template <class ElemType>
struct BiNode//二叉链表结点的定义
{
    ElemType data;
    BiNode <ElemType> *lchild,*rchild;
};
/*二叉链表模板类的定义*/
template <class ElemType>
class BiTree
{
    public:
        BiTree(){root=CreateBiTree(root); }          //构造函数，建立一棵二叉树
        ~BiTree(){ReleaseBiTree(root); }             //析构函数，释放各结点的空间
        void PreOrder(){PreOrder(root); }            //先序遍历二叉树
        void InOrder(){InOrder(root); }              //中序遍历二叉树
        void PostOrder(){PostOrder(root); }          //后序遍历二叉树
        int CountNodes(){return CountNodes(root);}   //二叉树的结点总数
        int Depth(){return Depth(root); }            //二叉树的高度或深度
        void PrintBiTree(){PrintBiTree(root); }      //打印二叉树
```

```
    private:
        BiTNode<ElemType> *root;                        //指向根结点的指针
        BiTNode<ElemType> *CreateBiTree(BiTNode<ElemType> *bt);//创建
        void ReleaseBiTree(BiTNode<ElemType>*bt);       //析构函数调用
        void PreOrder(BiTNode<ElemType>*bt);
        void InOrder(BiTNode<ElemType> *bt);
        void PostOrder(BiTNode<ElemType>*bt);
        int CountNodes (BiTNode<ElemType>*bt);
        int Depth(BiTNode<ElemType>*bt);
        void PrintBiTree(BiTNode<ElemType>*bt);
};
```

在工程"二叉树的基本操作"中新建一个源程序文件 BiTree.cpp，该文件包括二叉链表类模板 BiTree 中成员函数的定义。程序如下：

```
#include <iostream>
#include "BiTree.h"           //引入二叉链表类模板 BiTree 的声明
using namespace std;
/*以先序的顺序创建二叉树*/
template <class ElemType>
BiTNode<ElemType>*BiTree<ElemType>::CreateBiTree(BiTNode<ElemType>*bt)
{
    ElemType ch;
    cin>>ch;
    if(ch=='#') return bt=NULL;
    else{
        bt=new BiTNode<ElemType>; bt->data=ch;   //生成一个结点
        bt->lchild=CreateBiTree(bt->lchild);     //递归建立左子树
        bt->rchild=CreateBiTree(bt->rchild);     //递归建立右子树
    }
    return bt;
}
/*以广义表的形式打印二叉树*/
template <class ElemType>
void BiTree<ElemType>::PrintBiTree(BiTNode<ElemType> *bt )
{   if(bt!=NULL){                                //树为空时结束递归
        cout<<bt->data;                          //输出根结点
        if(bt->lchild!=NULL || bt->rchild!=NULL){
            cout<<"(";                           //输出左括号
            PrintBiTree(bt->lchild);             //递归输出左子树
            cout<<(",");                         //输出逗号分隔符
            if(bt->rchild!=NULL)                 //若右子树不为空
                PrintBiTree(bt->rchild);         //递归输出右子树
            cout<<")";                           //输出右括号
        }
    }
}
template <class ElemType>
void BiTree<ElemType>::PreOrder(BiTNode<ElemType>*bt)
```

```cpp
{   //递归实现先序遍历
    if(bt==NULL)  return;              //若是空树则返回
    else{                              //若不是空树则先序遍历
        cout<<bt->data<<" ";           //访问根结点的data
        PreOrder(bt->lchild);          //先序遍历左子树
        PreOrder(bt->rchild);          //先序遍历右子树
    }
}
template <class ElemType>
void BiTree<ElemType>::InOrder(BiTNode<ElemType> *bt)
{   //递归实现中序遍历
    if(bt==NULL)  return;              //若是空树则返回
    else{                              //若不是空树则中序遍历
        InOrder(bt->lchild);           //中序遍历左子树
        cout<<bt->data<<" ";           //访问根结点的data
        InOrder(bt->rchild);           //中序遍历右子树
    }
}
template <class ElemType>
void BiTree<ElemType>::PostOrder(BiTNode<ElemType> *bt)
{   /递归实现后序遍历
    if(bt==NULL)  return;              //若是空树则返回
    else{                              //若不是空树则后序遍历
        PostOrder(bt->lchild);         //后序遍历左子树
        PostOrder(bt->rchild);         //后序遍历右子树
        cout<<bt->data<<" ";           //访问根结点的data
    }
}
template <class ElemType>
int BiTree<ElemType>::CountNodes (BiTNode<ElemType> *bt )
{   //求二叉树的结点总数
    int count,n,m;
    if(!bt) count=0;                   //空树的结点总数为0
    else{
        m=CountNodes(bt->lchild);      //递归求左子树的结点总数
        n=CountNodes(bt->rchild);      //递归求右子树的结点总数
        count=m+n+1;
        //二叉树的结点总数=左子树结点总数+左子树结点总数+1（根结点）
    }
    return count;
}
template <class ElemType>
int BiTree<ElemType>::Depth (BiTNode<ElemType> *bt  )
{   //求二叉树的高度
    int depthval,n,m;
    if(!bt) depthval=0;
    else{
        m=Depth(bt->lchild);
        n=Depth(bt->rchild);
```

```
        depthval=1+(m>n?m:n);
    }
    return depthval;
}
template <class ElemType>
void BiTree<ElemType>::ReleaseBiTree(BiTNode<ElemType> *bt)
{   //是否二叉树的所有结点空间
    if (bt != NULL){
        ReleaseBiTree(bt->lchild);          //递归释放左子树
        ReleaseBiTree(bt->rchild);          //递归释放右子树
        delete bt;                          //释放根结点
    }
}
```

在工程"二叉树的基本操作"中新建一个源程序文件 main.cpp，该文件包括主函数。程序如下：

```
#include <iostream>
#include "BiTree.cpp"                       //引入二叉链表
using namespace std;
int main()
{
    cout<<"请以先序的顺序输入字符型数据（以#表示空树）创建二叉树:"<<endl;
    BiTree<char>  T;                        //创建一棵二叉树
    cout<<"------先序遍历------ "<<endl;
    T.PreOrder();
    cout<<endl;
    cout<<"------中序遍历------ "<<endl;
    T.InOrder();
    cout<<endl;
    cout<<"------后序遍历------ "<<endl;
    T.PostOrder();
    cout<<endl;
    cout<<"------广义表形式输出二叉树----- "<<endl;
    T.PrintBiTree();
    cout<<endl;
    cout<<"结点总数:"<<T.CountNodes()<<"深度:"<<T.Depth()<<endl;
    return 0;
}
```

程序运行结果如图 1-6-2 所示。

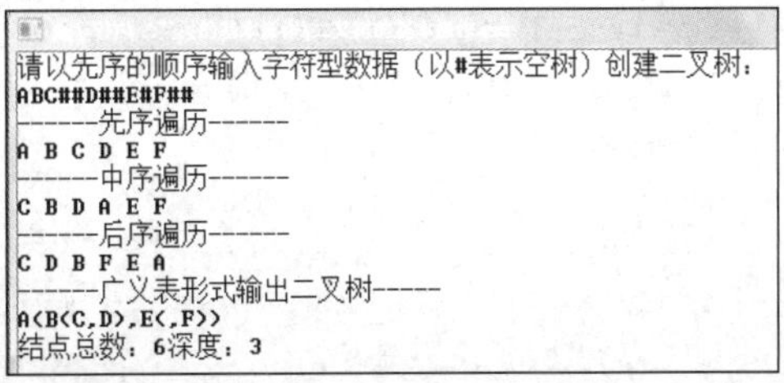

图 1-6-2　案例 6-1 程序运行结果

案例6-2：用栈和队列实现二叉树的遍历

【实训目的】

（1）掌握二叉链表存储结构和二叉树的建立过程。
（2）掌握用栈实现二叉树的先序、中序和后序遍历的非递归算法。
（3）掌握用队列实现二叉树层次遍历的算法。
（4）加深对栈、队列和二叉树的理解，逐步培养解决实际问题的编程能力。

【实训内容】

以二叉链表为存储结构，实现二叉树的以下操作：
（1）以先序的顺序创建二叉树，并打印二叉树。
（2）实现二叉树的先序、中序和后序遍历的非递归算法。
（3）实现二叉树的层次遍历算法。

【实训程序】

在 Dev C++编程环境下新建一个工程"用栈和队列实现二叉树的遍历"，在该工程中新建一个头文件 BiTree.h，该头文件包括二叉链表类模板 BiTree 的定义。程序如下：

```cpp
template <class ElemType>              //二叉链表的结点
struct BiTNode
{
   ElemType data;
   int Pass;            //在非递归后序遍历时，Pass用来存储遍历经过结点的次数
   BiTNode <ElemType> *lchild,*rchild;
};
template <class ElemType>              //二叉链表类模板的定义
class BiTree
{
   public:
      BiTree(){root=CreateBiTree(root);}          //构造函数，建立一棵二叉树
      ~BiTree(){ReleaseBiTree(root);}             //析构函数，释放各结点的空间
      void PreOrder(){PreOrder(root);}            //先序遍历二叉树
      void InOrder(){InOrder(root);}              //中序遍历二叉树
      void PostOrder(){PostOrder(root);}          //后序遍历二叉树
      void LevelOrder(){LevelOrder(root);}        //层序遍历二叉树
      void PrintBiTree(){PrintBiTree(root);}      //打印二叉树
   private:
      BiTNode<ElemType> *root;                    //指向根结点的指针
      BiTNode<ElemType> *CreateBiTree(BiTNode<ElemType> *bt);
      //构造函数调用
      void ReleaseBiTree(BiTNode<ElemType> *bt);
      void PreOrder(BiTNode<ElemType> *bt);
      void InOrder(BiTNode <ElemType>*bt);
      void PostOrder(BiTNode<ElemType> *bt);
      void LevelOrder(BiTNode<ElemType> *bt);
      void PrintBiTree(BiTNode<ElemType> *bt );
};
```

在工程"用栈和队列实现二叉树的遍历"中新建一个源程序文件 BiTree.cpp，该文件包括二叉链表类模板 BiTree 中成员函数的定义。程序如下：

```cpp
#include <iostream>
using namespace std;
#include "SqStack.cpp"              //引入顺序栈
#include "LinkQueue.cpp"            //引入链队列
#include "BiTree.h"                 //引入二叉链表类模板 BiTree 的声明
template <class ElemType>
BiTNode<ElemType> *BiTree<ElemType>::CreateBiTree(BiTNode<ElemType> *bt)
{   //创建以 bt 为根的二叉链表
    ElemType ch;
    cin>>ch;
    if(ch=='#') return bt=NULL;
    else{
        bt=new BiTNode<ElemType>; bt->data=ch;   //生成一个结点
        bt->Pass=0;                  //创建二叉树时将 Pass 初始化为 0
        bt->lchild=CreateBiTree(bt->lchild);     //递归建立左子树
        bt->rchild=CreateBiTree(bt->rchild);     //递归建立右子树
    }
    return bt;
}
template <class ElemType>
void BiTree<ElemType>::PrintBiTree(BiTNode<ElemType> *bt )
{   //以广义表的形式打印以 bt 为根的二叉链表
    if (bt!=NULL){                               //树为空时结束递归
        cout<<bt->data;                          //输出根结点
        if(bt->lchild!=NULL || bt->rchild!=NULL){
            cout<<"(";                           //输出左括号
            PrintBiTree(bt->lchild);             //递归输出左子树
            cout<<(",");                         //输出逗号分隔符
            if (bt->rchild!=NULL)                //若右子树不为空
                PrintBiTree(bt->rchild);         //递归输出右子树
            cout<<")";                           //输出右括号
        }
    }
}
template <class ElemType>
void BiTree<ElemType>::ReleaseBiTree(BiTNode<ElemType> *bt)
{   //是否以 bt 为根的二叉链表中的所有结点
    if(bt!=NULL){
        ReleaseBiTree(bt->lchild);               //递归释放左子树
        ReleaseBiTree(bt->rchild);               //递归释放右子树
        delete bt;                               //释放根结点
    }
}
template <class ElemType>
void BiTree<ElemType>::PreOrder(BiTNode<ElemType> *bt)
```

```cpp
    {   //先序遍历以 bt 为根的二叉链表
        BiTNode<ElemType> *p;                   //p 为遍历指针
        SqStack<BiTNode<ElemType> *> st;        //定义一个顺序栈 st
        st.Push(NULL);                          //空指针入栈
        p=bt;                                   //p 初始为指向根结点的 bt 指针
        while(p)                                //当 p 不为空时循环
        {
            cout<<p->data;                      //访问结点 p
            if(p->rchild!=NULL)                 //有右孩子时将其地址进栈
                st.Push(p->rchild);
            if(p->lchild!=NULL)                 //有左孩子时进入左子树进行遍历
                p=p->lchild;
            else
                st.Pop(p );                     //没有左孩子则退栈
        }
    }
    template <class ElemType>
    void BiTree<ElemType>::InOrder(BiTNode<ElemType> *bt)
    {   //中序遍历以 bt 为根的二叉链表
        BiTNode<ElemType> *p;                   //p 为遍历指针
        SqStack<BiTNode<ElemType> *> st;        //定义一个顺序栈 st
        p=bt;                                   //p 初始为指向根结点的指针 bt
        while(!st.IsEmpty()||p!=NULL)           //当栈不为空或 p 不为空时循环
        {
            //寻找 p 最左下角的结点
            while(p!=NULL)                      //遍历指针未到最左下的结点并且不空时循环
            {
                st.Push(p);                     //遍历该子树沿途结点并进栈
                p=p->lchild;                    //遍历指针进到左孩子结点
            }
            if(!st.IsEmpty())                   //如果栈不空
            {
                st.Pop(p); cout<<p->data;       //出栈，访问结点 p
                p=p->rchild;                    //遍历指针进到右孩子结点
            }
        }
    }
/*Pass 被初始化为 0，遍历过程中每经过一次结点 Pass 加 1。当经过的结点其 Pass 为 2 即第 3
次经过此结点，也就是从右子树回来时才访问此结点*/
    template <class ElemType>
    void BiTree<ElemType>::PostOrder(BiTNode<ElemType> *bt)
    {   //后序遍历以 bt 为根的二叉链表
        BiTNode<ElemType> *p,*q;                //p 为遍历指针
        p=bt;                                   //p 初始为指向根结点的指针 bt
        SqStack<BiTNode<ElemType> *> st;        //定义一个顺序栈 st
        while(p || !st.IsEmpty()){              //p 不为空或栈不为空时循环
            while(p){                           //顺着 p 的 lchild 链走到最左下角结点
```

```
            if(p->Pass==0){                    //p 所指的结点没有被访问过
                p->Pass++;                     //结点的经过属性 Pass 加 1
                st.Push(p);                    //结点第一次入栈,不访问
            }
            p=p->lchild;                       //p 转向左子树
        }
        if(!st.IsEmpty()){
            st.Pop(q);                         //栈不空则出栈
            p=q;
            if(p->Pass==2) {                   //第三次遇到此结点
                cout<<p->data;                 //访问此结点
                p=NULL;                        //左右子树均已经访问过
            }
            else{                              //第二次遇到此结点
                p->Pass++;                     //结点的 Pass 属性加 1
                st.Push(p);                    //第二次入栈,不访问
                p=p->rchild;                   //p 转向右子树
            }
        }
    }
}
template <class ElemType>
void BiTree<ElemType>::LevelOrder(BiTNode<ElemType> *bt )
{
    BiTNode<ElemType> *p;                      //p 为遍历指针
    LinkQueue<BiTNode<ElemType> *>  Q;         //定义一个链队列 Q
    Q.In(bt);                                  //根结点指针 bt 入队
    while(!Q.IsEmpty()){                       //队列不为空时循环
        Q.Out(p);cout<<p->data;                //出队,访问结点
        if(p->lchild!=NULL)                    //p 有左孩子时将其入队
            Q.In(p->lchild);
            if(p->rchild!=NULL)                //p 有右孩子时将其入队
                Q.In(p->rchild);
    }
}
```

在工程"用栈和队列实现二叉树的遍历"中新建一个源程序文件 main.cpp,该文件包括主函数。程序如下:

```
#include <iostream>
using namespace std;
#include "BiTree.cpp"                          //引入二叉链表
int main()
{
    cout<<"请以先序的顺序输入字符型数据(以#表示空树)创建二叉树:"<<endl;
    BiTree<char>  T;                           //创建一棵二叉树
    cout<<"------广义表形式输出二叉树----- "<<endl;
    T.PrintBiTree();
    cout<<"------先序遍历------ "<<endl;
```

```
        T.PreOrder();
        cout<<endl;
        cout<<"------中序遍历------ "<<endl;
        T.InOrder();
        cout<<endl;
        cout<<"------后序遍历------ "<<endl;
        T.PostOrder();
        cout<<endl;
        cout<<"------层次遍历------ "<<endl;
        T.LevelOrder();
        return 0;
}
```

程序运行结果如图 1-6-3 所示。

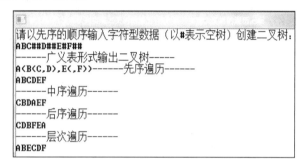

图 1-6-3　案例 6-2 程序运行结果

案例 6-3：线索二叉树的实现

【实训目的】

（1）掌握线索二叉链表存储结构和二叉树的建立过程。

（2）掌握二叉链表的中序线索化过程。

（3）掌握中序线索二叉树的中序遍历。

【实训内容】

（1）先序创建二叉树，置结点的 ltag 和 rtag 为 0。

（2）实现二叉树的中序线索化。

（3）对中序线索化的二叉树进行中序遍历。

【实训程序】

在 Dev C++编程环境下新建一个工程"线索二叉树的实现"，在该工程中新建一个头文件 BiThrTree.h，该头文件包括线索二叉链表类模板 BiThrTree 的定义。程序如下：

```
#include <iostream>
using namespace std;
template <class ElemType>
struct BiThrNode                           //线索二叉树中结点的类型
{
    ElemType data;                         //结点的数据域
    int ltag,rtag;                         //增加的线索标记
```

```cpp
        BiThrNode<ElemType> *lchild;          //指向左孩子或前驱结点的指针
        BiThrNode<ElemType> *rchild;          //指向右孩子或后继结点的指针
};
template <class ElemType>
class BiThrTree{
    public:
    BiThrTree();
    void ThrInOrder(){ ThrInOrder(root); }    //中序遍历线索二叉树
    private:
    BiThrNode<ElemType> *root;                //root 指向头结点
    BiThrNode<ElemType> *bt;                  //bt 指向根结点
    BiThrNode<ElemType> *CreateBiTree(BiThrNode<ElemType> *b);
    BiThrNode<ElemType> *CreateBiThrTree(BiThrNode<ElemType> *b);
    void ReleaseBiThrTee(BiThrNode<ElemType> *b);
    void InThread(BiThrNode<ElemType> *&p);   //中序线索化二叉树
    void ThrInOrder(BiThrNode<ElemType> *bt); //中序遍历线索二叉树
    void PrintTree(BiThrNode<ElemType>* bt,int Layer);
};
BiThrNode<char> *pre;        //遍历过程中指向当前结点的前驱结点，全局变量
template<class ElemType>
BiThrNode<ElemType>*
BiThrTree<ElemType>::CreateBiTree(BiThrNode<ElemType> *b){
    ElemType ch;
    cin>>ch;
    if(ch=='#') return b=NULL;
    else{
        b=new BiThrNode<ElemType>;            //生成一个结点
        b->data=ch;
        b->ltag=b->rtag=0;                    //ltag 和 rtag 初始化为 0
        b->lchild=CreateBiTree(b->lchild);    //递归建立左子树
        b->rchild=CreateBiTree(b->rchild);    //递归建立右子树
    }
    return b;
}
template <class ElemType>
BiThrTree<ElemType>::BiThrTree(){             //构造函数，构造一棵线索二叉树
    bt=CreateBiTree(bt);     //二叉树存储在线索链表中，ltag、rtag 都置 0
    cout<<"横向打印二叉树(每个结点形如：ltag  data  rtag)如下:"<<endl;
    PrintTree(bt,1);                          //横向打印二叉树
    root=CreateBiThrTree(bt);                 //对二叉树进行线索化
}
template <class ElemType>
void BiThrTree<ElemType>::PrintTree(BiThrNode<ElemType> *bt,int Layer)
{   //横向输出的二叉树,Layer 是根结点所在的层次
    int i;
    if(bt==NULL)
        return;
    PrintTree(bt->rchild,Layer+1);            //先输出右子树
```

```cpp
    for(i=0;i<Layer;i++)
    {
        printf("    ");
    }
    cout<<bt->ltag<<" "<<bt->data<<" "<<bt->rtag<<"\n\n";
    PrintTree(bt->lchild,Layer+1);             //输出左子树
}//按逆中序输出结点，用层深决定结点的位置
template <class ElemType>
void BiThrTree<ElemType>::InThread(BiThrNode<ElemType> *&p)
//对以p为根的二叉树中序线索化
{
    if(p!=NULL)
    {
        InThread(p->lchild);                   //左子树线索化
        if(p->lchild==NULL)                    //前驱线索化
        {p->lchild=pre;p->ltag=1; }            //建立p结点的前驱线索
        else p->ltag=0;
        if(pre->rchild==NULL)                  //后继线索化
        {pre->rchild=p;pre->rtag=1; }          //建立pre结点的后继线索
        else pre->rtag=0;
        pre=p;
        InThread(p->rchild);                   //右子树线索化
    }
}
template <class ElemType>
BiThrNode<ElemType>*BiThrTree<ElemType>::CreateBiThrTree(BiThrNode<ElemType>*b)
//创建中序线索二叉树，b指向线索二叉链表的根结点，返回头结点
{
    root=new  BiThrNode<ElemType>;                         //root为头结点指针
    root->ltag=0;root->rtag=1;root->rchild=root;           //初始化头结点指针
    if(b==NULL) root->lchild=root;                         //如果是空二叉树
    else
    {
        root->lchild=b;                        //头结点指针的lchild指向根结点
        pre=root;                              //pre指向p的前驱结点，初始指向头结点
        InThread(b);                           //对以b为根的二叉树进行中序线索化
        pre->rchild=root;  pre->rtag=1;        //为最后一个结点加后继线索
        root->rchild=pre;                      //为头结点加后继线索
    }
    return root;
}
template <class ElemType>
void BiThrTree<ElemType>::ThrInOrder( BiThrNode<ElemType>*b)
//b指向头结点
{
    BiThrNode<ElemType>*p=b->lchild;           //p是遍历指针，初始指向根结点
    while(p!=b)                                //p不指向头结点则循环
    {
```

```
        while(p->ltag==0) p=p->lchild;    //找遍历中的第一个结点
        cout<<"\t"<<p->ltag<<"\t"<<p->data<<"\t"<<p->rtag<<endl;
                                          //访问第一个结点
        while(p->rtag==1 && p->rchild!=b)   //如果是后继线索则循环
        {   p=p->rchild;
            cout<<"\t"<<p->ltag<<"\t"<<p->data<<"\t"<<p->rtag<<endl;
        } //顺着后继线索遍历每一个结点
        p=p->rchild;                      //遍历p的右子树
    }
}
```

在工程"线索二叉树的实现"中新建一个源程序文件 main.cpp,该文件包括主函数。程序如下:

```
#include <iostream>
#include "BiThrTree.h"                  //引入线索二叉链表
using namespace std;
int main()
{
    cout<<"请以先序的顺序输入字符型数据(以#表示空树)创建二叉树:"<<endl;
    BiThrTree<char> bt;                 //bt 为线索二叉树类模板实例
    cout<<"遍历中序线索二叉树的过程(每个结点形如:ltag  data  rtag):"<<endl;
    cout<<"\tlag\tdata\trtag"<<endl;
    bt.ThrInOrder();                    //对 bt 进行中序遍历
    cout<<endl;
    return 0;
}
```

说明:在线索二叉树类模板中,构造函数中通过CreateBiTree(bt)成员函数先序创建了二叉链表,再通过 CreateBiThrTree(bt)成员函数对二叉树 bt 进行中序线索化。在CreateBiThrTree(bt)成员函数中通过调用 InThread(p)函数对二叉树中序遍历的过程中给每个结点加上中序线索。

程序运行结果如图 1-6-4 所示。

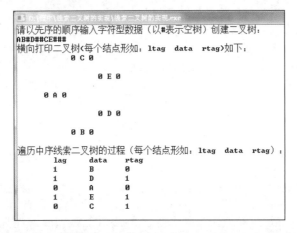

图 1-6-4 案例 6-3 程序运行结果

6.4.2 设计性实训

案例 6-4：实现二叉排序树

【实训目的】
（1）掌握二叉链表的结构和二叉树的建立过程。
（2）掌握二叉树的各种基本操作。
（3）加深对二叉树的理解，逐步培养解决实际问题的编程能力。

【实训内容】
以二叉链表为存储结构，实现二叉排序树的以下操作：
说明：二叉排序树或者为空树，或者为具有下列性质的二叉树。
若左子树不空，则左子树上所有结点的值均小于它的根结点的值；若右子树不空，则右子树上所有结点的值均大于它的根结点的值；左、右子树分别为二叉排序树。
（1）递归创建二叉树。
（2）在二叉排序树中查找值为 x 的结点。
（3）在二叉排序树中插入值为 x 的结点。
（4）在二叉排序树中删除值为 x 的结点。

【实训程序】
在 Dev C++编程环境下新建一个工程"实现二叉排序树"，在该工程中新建一个头文件 BiTree.h，该头文件包括二叉链表存储的二叉排序树类模板 BiTree 的定义。程序如下：

```cpp
template <class DataType>    //二叉树的结点结构
struct BiNode
{
    DataType data;
    BiNode <DataType> *lchild,*rchild;
};
template <class DataType>
class BiTree                    //二叉排序树类
{
    public:
        BiTree(){root=CreateBiTree(root);}   //构造函数，建立一棵二叉树
        ~BiTree(){ReleaseBiTree(root);}      //析构函数，释放各结点的存储空间
        void PrintBiTree(){PrintBiTree(root);}  //以广义表形式打印二叉树
        bool InsertNode(DataType k){return InsertNode(root,k);}
        bool DeleteNode(DataType k){return DeleteNode(root,k);}
        BiNode<DataType> * SearchNode(DataType k) {return SearchNode(root,k);}
    private:
        BiNode<DataType> *root;              //指向根结点的头指针
        BiNode<DataType> *CreateBiTree(BiNode<DataType> *bt);//构造函数调用
        void PrintBiTree(BiNode<DataType> *bt);
        void ReleaseBiTree(BiNode<DataType> *bt);            //析构函数调用
        BiNode<DataType>*SearchNode(BiNode<DataType>* p,DataType x,BiNode<DataType>* f1,BiNode<DataType>* &f);
```

```
        bool InsertNode(BiTNode<DataType> *&p,DataType k);
        bool DeleteNode(BiTNode<DataType> *&bt,DataType k);
        void Delete1(BiTNode<DataType> *p,BiTNode<DataType> *&r);
        void Delete(BiTNode<DataType> *&p);
        BiTNode<DataType> *SearchNode(BiTNode<DataType> *bt,DataType k);
};
```

在工程"实现二叉排序树"中新建一个源程序文件 BiTree.cpp，该文件包括二叉链表存储的二叉排序树类模板 BiTree 中成员函数的定义。程序如下：

```
#include <iostream>
#include "BiTree.h"              //引入二叉排序树的声明
using namespace std;
template <class DataType>
BiTNode<DataType> *BiTree<DataType>::CreateBiTree(BiTNode<DataType> *bt)
{   //创建以 bt 为根的二叉树
    DataType ch;
    cin>>ch;
    if(ch=='#') return bt=NULL;
    else{
       bt=new BiTNode<DataType>;                   //生成一个结点
        bt->data=ch;
       bt->lchild=CreateBiTree(bt->lchild);        //递归建立左子树
       bt->rchild=CreateBiTree(bt->rchild);        //递归建立右子树
    }
    return bt;
}
template <class DataType>
void BiTree<DataType>::ReleaseBiTree(BiTNode<DataType> *bt)
{   //是否以 bt 为根的二叉树中的结点空间
    if(bt!=NULL){
       ReleaseBiTree(bt->lchild);                  //释放左子树
       ReleaseBiTree(bt->rchild);                  //释放右子树
       delete bt;
    }
}
/*以广义表的形式打印二叉树*/
template <class DataType>
void BiTree<DataType>::PrintBiTree(BiTNode<DataType> *bt){
    if(bt!=NULL){                                  //树为空时结束递归
       cout<<bt->data;                             //输出根结点
       if(bt->lchild!=NULL || bt->rchild!=NULL){
           cout<<"(";                              //输出左括号
           PrintBiTree(bt->lchild);                //输出左子树
           cout<<(",");                            //输出逗号分隔符
           if (bt->rchild!=NULL)                   //若右子树不为空
               PrintBiTree(bt->rchild);            //输出右子树
           cout<<")";                              //输出右括号
       }
```

```cpp
    }
}
template <class DataType>
BiTNode<DataType>*BiTree<DataType>::SearchNode(BiTNode<DataType>*bt,DataType k)
{   //在以 bt 为根的二叉树中查找值为 k 的结点，返回指向结点的指针
    if(bt==NULL || bt->data==k)                //递归终结条件
    return bt;
    if(k<bt->data)                             //k 小于 bt 的 data
        return SearchNode(bt->lchild,k);       //在左子树中递归查找
    else                                       //k 小于 bt 的 data
        return SearchNode(bt->rchild,k);       //在右子树中递归查找
}
/*在以 bt 为根的二叉树上插入值为 k 的结点，插入成功返回真，否则返回假*/
template <class DataType>
bool BiTree<DataType>::InsertNode(BiTNode<DataType> * &bt,DataType k)
{   if(bt==NULL)             //原树为空，新插入的结点为根结点
    {   bt=new BiTNode<DataType>;
        bt->data=k; bt->lchild=bt->rchild=NULL;
        return true;
    }
    else if(k==bt->data)     //树中存在相同关键字的结点，返回 false
        return false;
    else if(k<bt->data)      //k 小于 bt 的 data
        return InsertNode(bt->lchild,k);       //插入到左子树中
    else                     //k 大于 bt 的 data
        return InsertNode(bt->rchild,k);       //插入到右子树中
}
/*被删除结点 p 有左右孩子，r 指向其左孩子*/
template <class DataType>
void BiTree<DataType>::Delete1(BiTNode<DataType> *p,BiTNode<DataType> *&r)
{
    BiTNode<DataType> *q;
    if(r->rchild!=NULL)
        Delete1(p,r->rchild);    //递归找最右下结点 r
    else                         //找到了最右下结点 r
    {   p->data=r->data;         //将 r 结点的值赋给结点 p
        q=r;
        r=r->lchild;             //直接将其左子树的根结点放在被删结点的位置上
        delete q;                //释放原结点 r 的空间
    }
}
/*从二叉树中删除 p 结点*/
template <class DataType>
void BiTree<DataType>::Delete(BiTNode<DataType> *&p)
{
    BiTNode<DataType> *q;
    if(p->rchild==NULL)          //p 结点没有右子树的情况
    {
```

```
            q=p;
            p=p->lchild;            //直接将其右子树的根结点放在被删结点的位置
            delete q;
        }
        else if(p->lchild==NULL)    //p 结点没有左子树的情况
        {
            q=p;
            p=p->rchild;            //将 p 结点的右子树作为双亲结点的相应子树
            delete q;
        }
        else Delete1(p,p->lchild);  //p 结点既没有左子树又没有右子树的情况
}
/*在以 p 为根的二叉树上删除值为 k 的结点，插入成功返回真，否则返回假*/
template <class DataType>
bool BiTree<DataType>:: DeleteNode(BiTNode<DataType> * &bt,DataType k)
{
    if(bt--NULL)
        return false;               //空树删除失败
    else
    {
        if(k<bt->data)
            return DeleteNode(bt->lchild,k); //递归在左子树中删除为 k 的结点
        else if(k>bt->data)
            return DeleteNode(bt->rchild,k); //递归在右子树中删除为 k 的结点
        else
        {
            Delete(bt);             //调用 Delete(bt)函数删除 bt 结点
            return true;
        }
    }
}
```

在工程"实现二叉排序树"中新建一个源程序文件 main.cpp，该文件包括主函数。程序如下：

```
#include <iostream>
using namespace std;
#include "BiTree.cpp"               //引入二叉排序树
int main(){
    cout<<"请以先序的顺序输入字符型数据（以#表示空树）创建二叉树:"<<endl;
    BiTree<char>  T;                //创建一棵二叉树
    cout<<"------广义表形式输出二叉树----- "<<endl;
    T.PrintBiTree();
    char x;
    x='S';
    BiTNode<char> *p;
    bool flag;
    p=T.SearchNode(x);
    if(flag==true) cout<<"查找成功"<<endl;
```

```
            else cout<<"查找失败"<<endl;
        if(T.InsertNode(x)==true)
        {
            cout<<"插入成功,插入结点"<<x<<"的二叉树为:";
            T.PrintBiTree();
        }
        else cout<<"插入失败"<<endl;
        if(T.DeleteNode(x)==true)
        {
            cout<<endl<<"删除成功,删除结点"<<x<<"的二叉树为:";
            T.PrintBiTree(); cout<<endl;
        }
        else cout<<"删除失败"<<endl;
    return 0;
}
```

程序运行结果如图 1-6-5 所示。

```
请以先序的顺序输入字符型数据（以#表示空树）创建二叉树：
GEB##F##PM###
------广义表形式输出二叉树-----
G(E(B,F),P(M,))查找失败
插入成功,插入结点S的二叉树为：G(E(B,F),P(M,S))
删除成功,删除结点S的二叉树为：G(E(B,F),P(M,))
```

图 1-6-5　案例 6-4 程序运行结果

6.4.3　综合性实训

案例 6-5：哈夫曼编译码器

哈夫曼
编译码器

【实训目的】

（1）掌握构造哈夫曼树的方法。
（2）掌握求哈夫曼编码的方法。
（3）掌握求哈夫曼译码的方法。
（4）加深对二叉树的理解，逐步培养解决实际问题的编程能力。

【实训内容】

设计一个哈夫曼编译码系统，该系统具有以下功能：
（1）建立哈夫曼树：输入字符集大小 n，以及 n 个字符和 n 个权值，建立哈夫曼树。
（2）编码：利用已建好的哈夫曼树，对输入的正文进行编码并输出。
（3）译码：利用以建好的哈夫曼树将得到的编码进行译码并输出。

【实训程序】

```
#include <queue>              //算法中用到了优先队列,需要引入 queue 头文件
#include <iostream>
#include <string>
#include "SqStack.cpp"        //将从叶子到根逆向求得的编码正向输出,故用到栈
```

```cpp
using namespace std;
typedef string *hfmcode;
typedef struct htnode{                  //赫夫曼树的结构体
    char data;                          //赫夫曼叶子结点的字符信息
    int weight;                         //权值
    int parent,lchild,rchild;           //双亲、左右孩子结点在数组中的序号
    int order;                          //结点在数组中的序号
    friend bool operator<(htnode node1,htnode node2)
    {   //定义两个结点间比较大小的规则,即根据两个结点的权值大小比较结点的大小
        if(node1.weight>node2.weight) return 1;
        else return 0;
    }
}htnode,*hfmtree;                       //动态分配数组存储哈夫曼树
void CreateHuffmanTree( hfmtree &HT,int n,int weight[],char data[])
{   //构造哈夫曼树
    //priority_queue 为优先队列,方便取权值最小的结点
    //less 表明 weight 小的值优先级高
    priority_queue<htnode,std::vector<htnode>,less<htnode> > Q;
    int m,i,s1,s2;
    m=2*n-1;                            //n 个字符构造的哈夫曼树一共有 2n-1 个结点
    HT=new htnode[m+1];                 //0 号单元未用
    for(i=1;i<=n;++i)                   //构造 n 棵的树,每棵树只有一个结点,0 号空间没用
    {
        HT[i].data=data[i];HT[i].weight=weight[i];
        HT[i].parent=0;HT[i].lchild=0;HT[i].rchild=0;HT[i].order=i;
        Q.push(HT[i]);                  //将每一个叶子结点压入优先队列
    }
    for(i=n+1;i<=m;++i)                 //初始化 n-1 个非终端结点
    { HT[i].weight=0;HT[i].parent=0;HT[i].lchild=0;HT[i].rchild=0;}
    htnode node1,node2;                 //两个结点分别存储权值最小的结点
    for(i=n+1;i<=m;++i)                 //通过 n-1 次合并构造哈夫曼树
    {   //从优先队列中弹出两个结点即权值最小的两个结点,将其序号分别赋给 s1 和 s2
        node1=Q.top();                  //node1 为当前优先队列中权值最小的结点
        Q.pop();                        //node1 出队
        s1=node1.order;                 //将 node1 在 HT 数组中的序号赋值给 s1
        node2=Q.top();                  //node2 为当前优先队列中权值最小的结点
        Q.pop();                        //node2 出队
        s2=node2.order;                 //将 node2 在 HT 数组中的序号赋值给 s2
        //构造 HT[i]和 HT[s1]、HT[s2]相互之间的双亲与孩子的关系
        HT[s1].parent=HT[s2].parent=i;
        HT[i].lchild=s1;
        HT[i].rchild=s2;
        HT[i].weight=HT[s1].weight+HT[s2].weight;
        HT[i].order=i;
        Q.push(HT[i]);                  //将新构造的结点压入优先队列 Q 中
    }
}
void PrintHuffmanTree(hfmtree HT,int n)
```

```cpp
    {   //打印哈夫曼树
        int i;
        printf("序号\t权值\t双亲\t左孩子\t右孩子\n");
        for(i=1;i<=2*n-1;i++)
        {
            cout<<i<<"\t"<<HT[i].weight<<"\t"<<HT[i].parent<<"\t";
            cout<<HT[i].lchild<<"\t"<<HT[i].rchild<<endl;
        }
    }
    void HuffmanCoding(hfmtree HT,hfmcode &HC,int n){
        //HT 为哈夫曼树数组，HC 为存储哈夫曼编码的字符串数组，n 为字符的个数
        SqStack<char> S;
        int i,c,f;
        char e;
        HC=new string[n+1];        //动态分配存储 n 个字符编码的数组，0 号空间不用
        for(i=1;i<=n;++i)          //逐个为 n 个字符求哈夫曼编码
        {
            //从叶子到根逆向求编码
            for(c=i,f=HT[i].parent;f!=0;c=f,f=HT[f].parent)
            {   //c 为当前结点，f 为当前结点的双亲结点，f=0 即为根结点
                if(HT[f].lchild==c)        //c 是 f 的左孩子
                    S.Push('0');           //得到一位"0"
                else                       //c 是 f 的右孩子
                    S.Push('1');           //得到一位"1"
            }
            while(!S.IsEmpty())
            {
                S.Pop(e);
                HC[i]+=e;            //HC[i]中存储的是第 i 个字符的哈夫曼编码
            }
        }
    }
    void DispHuffCode(hfmtree HT,hfmcode HC,int n)
    {   //打印哈夫曼编码
        for(int i=1;i<=n;i++){
            cout<<HT[i].data<<"的哈夫曼编码为:"<<HC[i];
            cout<<"\n";
        }
    }
    /*译码的过程：译码从根结点开始，读取 01 组合的编码，如果是 0 就向左子树走，如果是 1 就向右
    子树走，直到走到一个叶子结点就可以译出一个字符。然后再从根结点开始译码，依此类推，直到读完 01
    组合的编码即结束译码*/
    void Translation(hfmtree HT,int n)
    {   //对输入的哈夫曼编码进行译码
        int i,j;
        string b;
        i=2*n-1;
        printf("请输入哈夫曼编码:");
```

```
    cin>>b;
    printf("哈夫曼译码为:");
    for(j=0;j<b.size();j++){
        if(b[j]=='0')    i=HT[i].lchild;
        else i=HT[i].rchild;
        if(HT[i].lchild==0){
            cout<<HT[i].data;
            i=2*n-1;
        }   }   }
int main(){
    int n,i,j,k,l;
    char z[10];
    int w[10];
    hfmtree HT;
    hfmcode HC;
    cout<<"请输入字符的个数:";
    cin>>n;
    cout<<"输入"<<n<<"个字符及其权值:"<<endl;
    for( i=1;i<=n;i++){
        cin>>z[i]>>w[i];
    }
    CreateHuffmanTree(HT,n,w,z);        //构建哈夫曼树 HT
    PrintHuffmanTree(HT,n);
    HuffmanCoding(HT,HC,n );            //求 n 个字符的哈夫曼编码 HC
    DispHuffCode(HT,HC,n );             //输出 n 个字符的哈夫曼编码
    Translation(HT,n);                  //根据输入的编码求其译码
}
```

程序运行结果如图 1-6-6 所示。

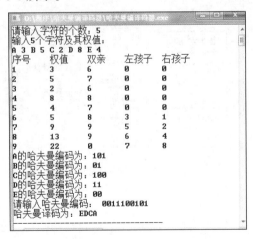

图 1-6-6　案例 6-5 程序运行结果图

第 7 章

图

7.1 知识体系

知识体系如图 1-7-1 所示。

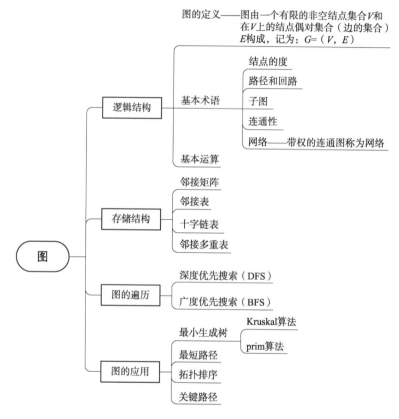

图 1-7-1 知识体系图

7.2 学习指南

（1）了解图的定义和术语。
（2）掌握图的各种存储结构。
（3）掌握图的深度优先搜索和广度优先搜索遍历算法。
（4）理解最小生成树、最短路径、拓扑排序、关键路径等图的常用算法。

7.3 内容提要

图是一种非线性数据结构，各数据元素间的关系较复杂，每个数据元素都可与其他任何数据元素相关联。

7.3.1 图

（1）图是由一个有限的非空结点集合 V 和在 V 上的结点偶对集合 E 构成，记为

$$G = (V, E)$$

其中，有限非空集合 V 中的结点是某种类型的数据元素，又称顶点。集合 E 是两个顶点之间关系的集合，它的数据元素是结点偶对，称为边或弧。

（2）有关图的基本概念，如顶点和边（或弧）、无向图和有向图、完全图、网、顶点的度、路径、回路、子图、图的连通性等。

（3）图的结构复杂，应用广泛，其存储表示方法多种多样，常用的存储表示方法主要有邻接矩阵、邻接表、十字链表和邻接多重表。

邻接矩阵是用方阵表示各顶点之间的邻接关系。无向图的邻接矩阵是对称的，有向图的邻接矩阵不一定对称。邻接矩阵表示法适用于以顶点为主的运算。

邻接表是由邻接矩阵改进而来的，是图的一种链式存储结构。图的每个顶点对应一个线性链接表，链接表的结点对应于邻接矩阵的非零元素，而对邻接矩阵的零元素则不予考虑，因此邻接表更节省空间。对于有向图，通常还要同时再构造一个逆邻接表。

十字链表是有向图的另一种链式存储结构，实际上是将有向图的邻接表和逆邻接表结合起来的一种链表。在十字链表中，有向图的每一条弧对应于一个弧结点，每个顶点对应于一个顶点结点。

邻接多重表是无向图的另一种链式存储结构，它是由邻接表进一步改进而来的，它克服了无向图的每条边对应于邻接表中的两个结点，具有不便于处理的缺点。在邻接多重表中，无向图的每条边只对应着一个结点。

7.3.2 图的遍历

图的遍历是图的一种重要运算，是从图的某一顶点出发，访遍图中每个顶点，且每个顶点仅访问一次，图的遍历顺序主要有深度优先搜索和广度优先搜索。

深度优先搜索是从图的一个顶点 v_0 开始，首先访问 v_0，然后依次从 v_0 的未被访问的邻接点出发按深度优先搜索遍历图，直到图中所有和 v_0 有路径相通的顶点均被访问过。若此时图中尚有顶点未被访问，则另选图中一个未曾被访问的顶点作始点，重复上述过程，直到图中所有顶点都被访问为止。显然这是一个层层递归的过程，递归进行直到搜索不到未被访问的邻接点时终止。

广度优先搜索是从图的一个顶点 v_0 开始，在访问 v_0 之后依次搜索访问 v_0 的各个未被访问的邻接点，然后分别从这些邻接点出发广度优先搜索遍历图，直到图中所有已被访问的顶点的邻接点都被访问到。若此时图中尚有顶点未被访问，则另选图中一个未曾被访问的顶点

作始点,重复上述过程,直到图中所有顶点都被访问为止。广度优先搜索遍历图的过程是以 v_0 为始点,由近及远,按层次依次访问与 v_0 有路径相通且路径长度分别为 1、2……的顶点,直至图中所有顶点都被访问一次。

7.3.3 最小生成树

在一个无向连通图 G 中,其所有顶点和遍历该图经过的所有边所构成的子图 G' 称作图 G 的生成树。生成树中包含了图的全部顶点,且任意两个顶点之间有且仅有一条路径。一个图可以有多个不同的生成树,对于带权的图,其所有边上权值之和最小的生成树称为图的最小生成树。构造最小生成树的算法有很多,本章主要讨论克鲁斯卡尔算法和普里姆算法。

克鲁斯卡尔(Kruskal)算法是一种按权值递增的次序选择合适的边来构造最小生成树的方法。该算法适用于求边数较少的带权无向连通图的最小生成树。

普里姆(Prim)算法是另一种构造最小生成树的算法,它按逐个将顶点连通的方式来构造最小生成树。该算法适用于求边数较多的带权无向连通图的最小生成树。

7.3.4 最短路径

对于带权的图,通常把一条路径上所经过边或弧上的权值之和定义为该路径的路径长度。从一个顶点到另一个顶点可能存在着多条路径,把路径长度最短的那条路径称为最短路径。求最短路径主要分两种情况:求一顶点到其余顶点的最短路径;求每对顶点之间的最短路径。

迪杰斯特拉(Dijkstra)给出了求一顶点(给定源点)到其余顶点的最短路径的算法。该算法是一个按路径长度递增的次序,依次产生由给定源点到图的其余顶点的最短路径的算法。

当依次将每个顶点设为源点,调用迪杰斯特拉算法 n 次便可求出图中任意两个顶点之间的最短路径。弗洛伊德(FLOYD)给出了另外一个求图中任意两顶点之间最短路径的算法。首先判断路径 (v_i, v_1, v_j) 是否存在,如果存在,则比较 (v_i, v_j) 和 (v_i, v_1, v_j) 的路径长度,取长度较短者作为从 v_i 到 v_j 的中间顶点序号不大于 1 的最短路径。其次,在路径上再增加一个顶点 v_2,即如果 $(v_i,..., v_2)$ 和 $(v_2,..., v_j)$ 分别是当前找到的中间顶点序号不大于 1 的最短路径,那么 $(v_i,..., v_2,..., v_j)$ 就有可能是从 v_i 到 v_j 的中间顶点序号不大于 2 的最短路径。将它和已经求得的从 v_i 到 v_j 的中间顶点序号不大于 1 的最短路径进行比较,从中选出路径长度较短者作为从 v_i 到 v_j 的中间顶点序号不大于 2 的最短路径。然后再增加一个顶点 v_3,依此类推。一般情况下,若 $(v_i, ..., v_k)$ 和 $(v_k,..., v_j)$ 分别是从 v_i 到 v_k 和从 v_k 到 v_j 的中间顶点序号不大于 $k-1$ 的最短路径,则将 $(v_i,..., v_k,..., v_j)$ 和已经求得的从 v_i 到 v_j 且中间顶点序号不大于 $k-1$ 的最短路径相比较,其长度较短者便是从 v_i 到 v_j 的中间顶点序号不大于 k 的最短路径。经过 n 次比较,直至所有顶点都允许成为中间顶点,即可求得从 v_i 到 v_j 的最短路径。

7.3.5 拓扑排序

拓扑排序是有向图的一种重要运算。用顶点表示活动,用弧表示活动之间次序关系的有向图称为顶点表示活动的网,简称 AOV 网。顶点序列 $v_1, v_2,..., v_n$ 称作一个拓扑序列,此时仅需要该顶点序列满足下列条件:若在有向图 G 中存在从顶点 v_i 到 v_j 的一条路径,则在顶点序列中顶点 v_i 必须排在顶点 v_j 之前。在 AOV 网中,将所有活动排列成一个拓扑序列的过程称为拓扑排序。拓扑排序是将 AOV 网中顶点进行线性化的一种算法，常用来描述工程中各活动之间的次序关系。

7.3.6 关键路径

AOE 网是一个带权的有向无环图，图中顶点表示事件，弧表示活动，弧上的权值表示该项活动所需要的时间。AOE 网常用来估算工程计划的完成时间。通常在 AOE 网中列出完成预定工程计划所需进行的活动、每个活动计划完成的时间、将发生哪些事件，这些事件与活动之间的关系。由此确定该项工程是否可行，估算工程完成的最短时间并确定哪些活动是影响工程进度的关键活动。

由于 AOE 网中的有些活动可以并行进行，所以完成整个工程的最短时间是从开始点到结束点的最长路径长度（路径长度等于路径上各条弧的权值之和）。从开始点到结束点的最长路径称为关键路径。关键路径上的活动称为关键活动。

7.4 实训案例概要

本章主要针对图的操作进行，通过本章案例，可以更好地掌握图的基本概念、存储结构和遍历算法，培养解决实际问题的编程能力。

7.4.1 验证性实训

案例 7-1：邻接表的实现

【实训目的】
（1）掌握图的邻接表的存储结构。
（2）掌握图的邻接表存储及其遍历操作的实现，加深对图的理解。

【实训内容】
（1）建立一个有向图的邻接表存储结构。
（2）对建立的有向图进行深度优先搜索。
（3）对建立的有向图进行广度优先搜索。

【实训程序】
在编程环境下新建一个工程"邻接表的实现"，在该工程中新建一个头文件 ALGraph.h，该头文件包括有邻接表存储的有向图类模板 ALGraph 的定义。程序如下：

```
#include <iostream>
using namespace std;
const int  MAXV=100;
int visited[MAXV];
struct ArcNode{                    //边或弧结点
    int weight;                    //该边的权值
    int adjvex;                    //该边或弧依附的另一顶点的位置
    ArcNode *nextarc;              //指向下一条边或弧的指针
};
```

```cpp
template <class VertexType>
struct VNode{                              //表头结点
    VertexType data;                       //顶点信息
    ArcNode *firstarc;                     //指向依附该顶点的第一条边或弧
};
template <class VertexType>
class ALGraph{                             //邻接表
    public:
        ALGraph(VertexType a[],int n,int e);    //构造函数
        ~ALGraph();                        //析构函数
        void  DispAdjGraph();              //输出邻接表
        void  DFS(int v);                  //从序号为v的顶点开始深度优先遍历
        void  BFS(int v);                  //从序号为v的顶点开始广度优先遍历
        void  DFSTraverse();               //深度优先遍历
        void  BFSTraverse();               //广度优先遍历
        VNode<VertexType> AdjList[MAXV];   //存放顶点表的数组
        int n,e;                           //图的顶点数和边数
};
template <typename VertexType>
ALGraph<VertexType>::ALGraph(VertexType a[],int n,int e)   //构造函数
{
    int i,j,k,w;
    ArcNode *p;
    this->n=n;this->e=e;
    for(i=0;i<this->n;i++){        // 存储顶点信息，初始化顶点表
        AdjList[i].data=a[i];
        AdjList[i].firstarc=NULL;
    }
    for(k=0;k<this->e;k++){        //依次输入每一条边（包括两个顶点的序号和权值）
        cin>>i>>j>>w;
        p=new ArcNode;             //生成一个新的边结点p
        p->adjvex=j;               //邻接点序号为j
        p->weight=w;
        p->nextarc= AdjList[i].firstarc;  //将结点p插入到第i个边表的表头
        AdjList[i].firstarc=p;
    }
}
template <typename VertexType>
ALGraph<VertexType>::~ALGraph()    //析构函数
{
    ArcNode *p=NULL;
    for (int i=0;i<n;i++)
    {
        p=AdjList[i].firstarc;
        while(p)  //释放第i个边表中的每一个结点
        {
            AdjList[i].firstarc=p->nextarc;
            delete p;
```

```cpp
            p=AdjList[i].firstarc;
        }
    }
}
template <typename VertexType>
void ALGraph<VertexType>::DispAdjGraph()        //输出邻接表
{
    int i;
    ArcNode *p;
    cout<<"图 G 的邻接表:"<<endl;
    cout<<"下标\t"<<"data\t"<<"边结点"<<endl;
    for(i=0;i<this->n;i++)
    {
        cout<<i<<"\t";
        cout<<AdjList[i].data<<"\t";
        p=AdjList[i].firstarc;  //p 指向顶点 i 的第一个邻接点
        while(p!=NULL)
        {
            //将 p->adjvex 和 p->weight 输出
            cout<<p->adjvex<<"["<<p->weight<<"]-->";
            p=p->nextarc;
        }
        cout<<"∧"<<endl;            //∧表示边表结束
    }
}
template <typename VertexType>
void ALGraph<VertexType>::DFS(int v)        //从序号为 v 的顶点开始深度优先搜索
{
    ArcNode *p=NULL; int i,j;
    cout<<AdjList[v].data; visited[v]=1;    //访问结点,置已访问标记为 1
    p=AdjList[v].firstarc;                  //p 指向顶点 v 的边表的第一个结点
    while (p!=NULL) {
        j=p->adjvex;
        //若 p->adjvex 顶点未访问,递归访问它
        if(visited[j]==0)  DFS(j);
         //p 指向顶点 v 的下一条边结点
        p=p->nextarc;
    }
}
template <typename VertexType>
void ALGraph<VertexType>::DFSTraverse()
{
    int i;
    for(i=0;i<n;i++) visited[i]=0;
    cout<<"从序号为 0 的顶点开始的深度优先遍历次序:";
    for(i=0;i<n;i++)
        if(visited[i]==0)  DFS(i);
}
```

```cpp
#include "LinkQueue.cpp"                    //引入链队列
template <typename VertexType>
void ALGraph<VertexType>::BFS(int v)        //从序号为 v 的顶点开始广度优先搜索
{
    ArcNode  *p;
    LinkQueue<int> queue;                   //初始化队列
    int x,i,j;
    cout<<AdjList[v].data;; visited[v]=1;   //访问顶点 v,置已访问标记为 1
    queue.In(v);                            //被访问顶点 v 进队
    while(!queue.IsEmpty())                 //若队列不空时循环
    {
        queue.Out(x);                       //出队元素并赋给 x
        p=AdjList[x].firstarc;              //找与顶点 x 邻接的第一个顶点
        while(p!=NULL){
            j=p->adjvex;
            if (visited[j]==0){             //若当前邻接点未被访问
                //访问该结点，并置已被访问的标志为 1
                cout<<AdjList[j].data;visited[j]=1;
                queue.In(j);                //该顶点进队
            }
            p=p->nextarc;                   //找下一个邻接点
        }
    }
}
template <typename VertexType>
void ALGraph<VertexType>::BFSTraverse()
{
    int i;
    for(i=0;i<n;i++) visited[i]=0;
    cout<<"从序号为 0 的顶点开始的深度优先遍历次序:";
    for(i=0;i<n;i++)
        if(visited[i]==0)  BFS(i);
}
```

在工程"邻接表的实现"中新建一个源程序文件 main.cpp，该文件包括主函数。程序如下：

```cpp
#include <iostream>
using namespace std;
#include "ALGraph.h"
int main(){
    int i,n,e;
    char a[10];
    cout<<"请输入有向图字符型的顶点信息:";
    cin>>a;
    cout<<"请输入有向图的顶点数和弧数:";
    cin>>n>>e;
    cout<<"请输入每一条弧的信息，包括两个顶点的序号和权值:"<<endl;
    ALGraph<char>  G(a,n,e);
```

```
            G.DispAdjGraph();
            G.DFSTraverse();
            cout<<endl;
            G.BFSTraverse();
            cout<<endl;
            return 0;
        }
```

程序运行结果如图 1-7-2 所示。

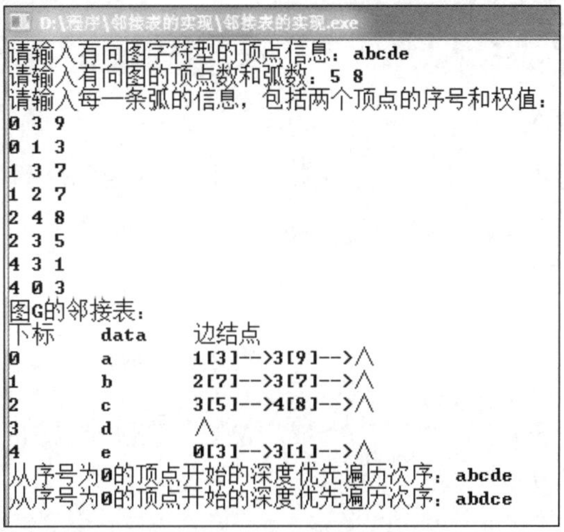

图 1-7-2 案例 7-1 程序运行结果

案例 7-2：邻接矩阵的实现

【实训目的】

（1）掌握图的邻接矩阵的存储结构。

（2）掌握图的邻接矩阵存储及其遍历操作的实现，加深对图的理解。

【实训内容】

（1）建立一个图的邻接矩阵存储结构。

（2）对建立的图进行深度优先搜索。

（3）对建立的图进行广度优先搜索。

【实训程序】

在编程环境下新建一个工程"邻接矩阵的实现"，在该工程中新建一个头文件 MGraph.h，该头文件包括有邻接矩阵存储的图类 Mgraph 的定义。程序如下：

```
#include <iostream>
using namespace std;
#define INF 32767                    //定义∞
#define MAXV 100                     //最大顶点个数
int visited[MAXV]={0};               //标志数组 visited[MAXV]为全局变量
//以下定义邻接矩阵类型
template <class VertexType>
class MGraph{
```

```cpp
    public:
        MGraph(VertexType a[],int edges[][MAXV],int n,int e);
        void DispMGraph();
        ~MGraph(){ }              //因没有动态分配的空间，故析构函数为空
        void DFS(int v);          //从第v个顶点开始对图进行深度优先遍历
        void DFSTraverse();       //深度优先遍历
        void BFS(int v);          //从第v个顶点开始对图进行深度优先遍历
        void BFSTraverse();       //广度优先遍历
        int arcs[MAXV][MAXV];     //存放图中边的二维数组
        VertexType vexs[MAXV];    //存放图的顶点的数组
        int n,e;                  //存放图的顶点数、边数
};
template <class VertexType>
MGraph<VertexType>::MGraph(VertexType a[],int edges[][MAXV],int n,int e)
{
    int i,j;
    this->n=n; this->e=e;
    for(i=0;i<this->n;i++)
        for(j=0;j<this->n;j++)        //存储图的邻接矩阵
            arcs[i][j]=edges[i][j];
        for(i=0;i<this->n;i++)        //存储图的顶点信息
            vexs[i]=a[i];
}
template <class VertexType>
void MGraph<VertexType>::DispMGraph( )
{
    int i,j;
    cout<<"图的顶点数据:";
    for(i=0;i<n;i++) cout<<vexs[i]<<" ";
    cout<<endl;
    cout<<"图的邻接矩阵:"<<endl;
    for(i=0;i<n;i++)
    {
        for(j=0;j<n;j++)
            if(arcs[i][j]!=INF) cout<<arcs[i][j]<<"  ";
            else cout<<"∞  ";
        cout<<endl;
    }
}
template <class VertexType>
void MGraph<VertexType>::DFS(int v)
{
    cout<<vexs[v]<<" ";visited[v]=1;   //输出被访问顶点，并置已访问标记为1
    for(int i=0;i<this->n;i++){
        if(arcs[v][i]!=0 &&arcs[v][i]!=INF &&visited[i]==0)
            DFS(i);        //依次从v的未被访问过的邻接点出发进行深度优先搜索
    }
}
```

```cpp
template <class VertexType>
void MGraph<VertexType>::DFSTraverse(){          //深度优先搜索
    int i;
    for(i=0;i<n;i++) visited[i]=0;
    for(i=0;i<n;i++) if(visited[i]!=1) DFS(i);
}
#include "LinkQueue.cpp"                         //引入链队列
template <class VertexType>
void MGraph<VertexType>:: BFS(int v)             //从第 v 个顶点开始进行广度优先搜索
{
    int i;
    LinkQueue<int> qu;                           //链队列
    //输出被访问顶点的编号，置已访问标记为 1
    cout<<vexs[v]<<" "; visited[v]=1;
    qu.In(v);                                    //v 入队
    while(!qu.IsEmpty())                         //队不空循环
    {
        qu.Out(i);                               //出队一个顶点 i
        for(int j=0;j<n;j++){
            if(arcs[i][j]!=0 &&arcs[i][j]!=INF&&visited[j]==0)  //i 的未被访问过的邻接点 j
            {
                cout<<vexs[j]<<" ";visited[j]=1; //输出被访问顶点的编号，置已访问标记为 1
                qu.In(j);                        //j 入队
            }
        }
    }
}
template <class VertexType>
void MGraph<VertexType>:: BFSTraverse()  //广度优先搜索
{
    int i;
    for(i=0;i<n;i++) visited[i]=0;
    for(i=0;i<n;i++) if(visited[i]!=1) BFS(i);
}
```

在工程"邻接矩阵的实现"中新建一个源程序文件 main.cpp，该文件包括主函数。程序如下：

```cpp
#include <iostream>
#include "MGraph.h"
using namespace std;
int main(){
    int n,e;
    char a[MAXV]="ABCDEF";
    int edges[MAXV][MAXV]={{0,4,6,6,INF,INF},{INF,0,1,INF,7,INF},{INF,INF,0,INF,6,4},{INF,INF,2,0,INF,5},{INF,INF,INF,INF,0,6},{INF,INF,INF,INF,1,0}};
    n=6;e=11;
    MGraph<char>  G(a,edges,n,e);
    G.DispMGraph();
```

```
            cout<<"图的深度优先遍历:";
            G.DFSTraverse();
            cout<<endl;
            cout<<"图的广度优先遍历:";
            G.BFSTraverse();
            cout<<endl;
            return 0;
        }
```

程序运行结果如图 1-7-3 所示。

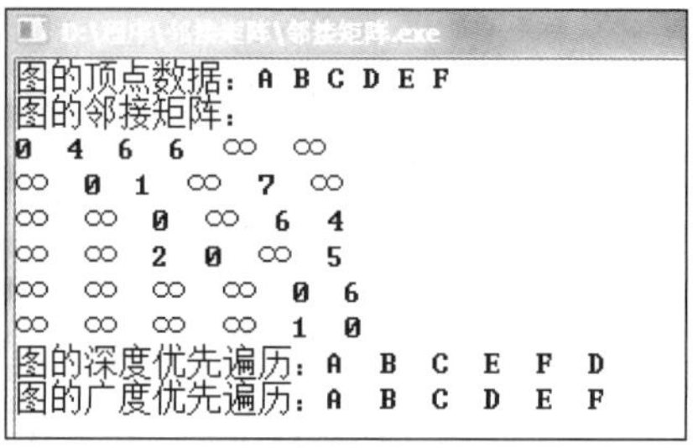

图 1-7-3 案例 7-2 程序运行结果

7.4.2 设计性实训

案例 7-3：最小生成树问题

【实训目的】

掌握最小生成树算法的应用，加深对图的理解，培养解决实际问题的编程能力。

【实训内容】

在 n 个城市之间建设网络，只需要保证连通即可，求最经济的架设方法。

设计要求：

（1）采用邻接矩阵或邻接表存储无向网，其顶点表示城市，其边表示城市之间的网络，权值表示城市之间架设网络的代价。

（2）选择普里姆算法和克鲁斯卡尔算法分别实现，比较两种算法思想的不同。

（3）输出最小生成树的各个边（即架设网络的解决方案）及架设网络的最小代价。

【实训程序】

克鲁斯卡尔算法求解最小生成树参考代码如下：

```
#include <iostream>
using namespace std;
#define MAXV 10          //最大顶点数
struct Edge{             //边的定义
    int vex1;            //边的顶点1的序号
    int vex2;            //边的顶点2的序号
    int weight;          //边上的权值
};
/*直接插入排序算法*/
void InsertSort(Edge E[],int n)
```

```cpp
{   //用直接插入排序方法对存储边的数组E[0..n-1]按照边的权值从小到大排序
    int i,j;
    Edge temp;
    for(i=1;i<n;i++)
    {
        temp=E[i];
        j=i-1;                      //从右向左在有序区E[0..i-1]中找E[i]的插入位置
        while(j>=0 && temp.weight<E[j].weight)
        {
            E[j+1]=E[j];            //将权值大于E[i]权值的边后移
            j--;
        }
        E[j+1]=temp;                //在j+1处插入E[i]
    }
}
/*存储边的数组E已按照边的权值从小到大排序*/
int kruskal(Edge E[],int n,int e)
{   //克鲁斯卡尔算法对含有n个顶点e条边的图求最小生成树,返回最小代价
    int i,j,m1,m2,sn1,sn2,k,sumcost=0;  //sumcost存储最小代价,初始值为0
    int vset[MAXV];             //vset数组记录顶点所在的集合
    for(i=0;i<n;i++)            //初始化辅助数组
        vset[i]=i;              //初始时所有顶点在不同的集合中
    k=1;                        //表示当前构造最小生成树的第k条边,初值为1
    j=0;                        //E数组中边的下标,初值为0
    while(k<n)                  //选择构成最小生成树的n-1条边
    {
        m1=E[j].vex1;
        m2=E[j].vex2;           //取一条边的两个邻接点分别为m1和m2
        sn1=vset[m1];
        sn2=vset[m2];           //分别得到两个邻接点所属的集合编号sn1和sn2
        if(sn1!=sn2){           //当两顶点分属不同集合则选入最小生成树中
            sumcost+=E[j].weight;   //将选中的边的权值累加到sumcost中
            cout<<"("<<E[j].vex1<<","<<E[j].vex2<<"):"<<E[j].weight<< endl;
                                //输出边
            k++;                //生成树的边数增1
            for(i=0;i<n;i++)    //将边的两个顶点的编号sn1和sn2统一
                if(vset[i]==sn2)    //集合编号为sn2的改为sn1
                    vset[i]=sn1;
        }
        j++;                    //在E数组中取下一条边
    }
    return sumcost;             //返回最小代价
}
int main()
{
    Edge edges[9]={{1,2,16},
    {2,3,12},{3,4,22},{4,5,25},{5,0,10},{0,1,28},{1,6,14},{4,6,24},{3,6,18}};
    int n=7,e=9,i,sumcost;              //sumcost存储最小生成树的最小代价
```

```
    InsertSort( edges,e );              //对边数组排序
    cout<<"对图中各边按照权值从小到大排序的结果:"<<endl;
    cout<<"顶点 1\t 顶点 2\t 权值"<<endl;
    for(i=0;i<e;i++)
        cout<<edges[i].vex1<<"\t"<<edges[i].vex2<<"\t"<<edges[i].weight<<endl;
    cout<<"在"<<n<<"个城市之间架设网络的解决方案:"<<endl;
    sumcost=kruskal(edges,n,e);
    cout<<"在"<<n<<"个城市之间架设网络的最小代价:"<<sumcost<<endl;
    return 0;
}
```

程序运行结果如图 1-7-4 所示。

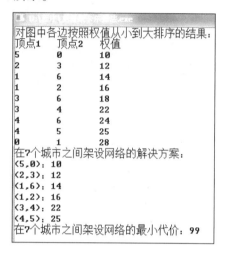

图 1-7-4　案例 7-3 程序运行结果图 1

Prim 算法求解最小生成树参考代码如下：

```
#include <iostream>
using namespace std;
#include "MGraph.h"             //引入邻接矩阵头文件
int prim(MGraph<char> G,int v)
{   //用 prim 算法求从顶点 v 开始的最小生成树，返回最小代价
    int lowcost[MAXV],min;      //lowcost 数组存储各顶点的最小代价
    int sumcost=0;              //sumcost 存储最小生成树的最小代价
    int closest[MAXV],i,j,k;    //closes 数组存储顶点的最小代价对应的另一个顶点的
                                //序号
    lowcost[v]=0;
    for(i=0;i<G.n;i++){         //给 lowcost 和 closest 数组置初值
        lowcost[i]=G.arcs[v][i];
        closest[i]=v;
    }
    for(i=1;i<G.n;i++){         //找出构造最小生成树的 n-1 个顶点
        min=INF;
        for(j=0;j<G.n;j++)
```

```cpp
            if(lowcost[j]!=0 && lowcost[j]<min)
            {
                min=lowcost[j];
                k=j;
            }
        cout<<"边("<<closest[k]<<","<<k<<")的权为:"<<min<<endl;
        sumcost+=lowcost[k];             //最小代价累加
        lowcost[k]=0;
        for(j=0;j<G.n;j++)               //修改数组 lowcost 和 closest 数组
            if(G.arcs[k][j]!=0 && G.arcs[k][j]<lowcost[j]){
                lowcost[j]=G.arcs[k][j];
                closest[j]=k;
            }
    }
    return sumcost;
}
int main()
{
    int edges[MAXV][MAXV]={
    {0,28,INF,INF,INF,10,INF},{28,0,16,INF,INF,INF,14},
    {INF,16,0,12,INF,INF,INF},{INF,INF,12,0,22,INF,18},
    {INF,INF,INF,22,0,25,24},{10,INF,INF,INF,25,0,INF},
    {INF,14,INF,18,24,INF,0}};
    int n=7,e=9,v=0,sumcost;
    char a[MAXV]="ABCDEFG";              //图中的顶点信息
    MGraph<char> G(a,edges,n,e);         //构建无向图
    G.DispMGraph();                      //输出图的顶点信息和邻接矩阵
    cout<<"在"<<n<<"个城市之间架设网络的解决方案:"<<endl;
    sumcost= prim(G,v);
    cout<<"在"<<n<<"个城市之间架设网络的最小代价:"<<sumcost<<endl;
    return 0;
}
```

程序运行结果如图 1-7-5 所示。

```
图的顶点数据: A B C D E F G
图的邻接矩阵:
0   28  ∞   ∞   ∞   10  ∞
28  0   16  ∞   ∞   ∞   14
∞   16  0   12  ∞   ∞   ∞
∞   ∞   12  0   22  ∞   18
∞   ∞   ∞   22  0   25  24
10  ∞   ∞   ∞   25  0   ∞
∞   14  ∞   18  24  ∞   0
在7个城市之间架设网络的解决方案:
边(0,5)的权为: 10
边(5,4)的权为: 25
边(4,3)的权为: 22
边(3,2)的权为: 12
边(2,1)的权为: 16
边(1,6)的权为: 14
在7个城市之间架设网络的最小代价: 99
```

图 1-7-5 案例 7-3 程序运行结果图 2

案例 7-4：教学计划编制

案例7-4
教学计划编制

【实训目的】

掌握拓扑排序算法的应用，加深对图的理解，培养解决实际问题的编程能力。

【实训内容】

关于教学计划编制问题，对于每个学科，都有可能有需要的基础课程，也就是先行课，而在教学计划编制的过程中，需要考虑这个因素，并且还要考虑每个学期的最高可修学分以及这些科目几年可以修完的因素，保证在一定时间内可以修完这些课并且使先行课先修，不能有后续课比先修课先修的情况出现，结合学分与学年的因素排出更加适合的教学计划。

基本要求：

（1）输入参数包括：学期总数，一学期的学分上限，每门课的课程号、学分和直接先修课的课程号。

（2）若根据给定的条件问题无解，则报告适当的信息；否则，将教学计划输出到用户指定的文件中或输出到屏幕。

设计提示：

（1）根据课程之间的先修和后继关系设计一个有向图，图中顶点为课程，图中的边表示课程间的先修关系。

（2）根据学期数和每个学期的最高可修学分等参数对所有课程进行拓扑排序。

测试数据：

学期总数：6；每个学期的学分上限：10；该专业共开设 12 门课，课程号从 C01 到 C12，学分顺序为 2、3、4、3、2、3、4、4、7、5、2、3。课程间的先修后继关系见表 1-7-1。

表 1-7-1 课程信息

课 程 编 号	课 程 名 称	学　　分	先 修 课 号
C1	程序设计基础	2	
C2	离散数学	4	C1
C3	数据结构	4	C1 C2
C4	汇编语言	4	C1
C5	图形学	2	C3 C4
C6	计算机原理	4	C11
C7	编译原理	4	C5 C3
C8	操作系统	3	C3 C6
C9	高等数学	4	
C10	线性代数	4	C9
C11	普通物理	4	C9
C12	数值分析	3	C9 C10 C1

实现提示：

（1）将课程以及课程间的先修后继关系存储在邻接表中。

（2）对邻接表中的课程进行拓扑排序。

（3）对拓扑排序的结果根据不同的教学计划编制方案制订不同教学计划。

【实训程序】

```cpp
#include <string.h>
#include <iostream>
#include "SqStack.cpp"              //引入顺序栈
using namespace std;
#define MaxClass 100                //课程总数不超过100
#define MaxSemester 12              //学期总数不超过12
int SemesterNum;                    //学期数
int MaxCredit;                      //每学期学分上限
#define MAXV 50                     //课程的最大数目
struct ArcNode{                     //边或弧结点
    int adjvex;                     //该边或弧依附的另一顶点的位置
    ArcNode *nextarc;               //指向下一条边或弧的指针
};
struct VNodc{                       //表头结点，存储每一门课程
    char CNo[10];                   //课程编号
    char CName[20];                 //课程名称
    int Credit;                     //学分
    int InDegree;                   //入度
    ArcNode *firstarc;              //指向依附该顶点的第一条边或弧
};
class ALGraph{                      //邻接表类
    public:
        VNode AdjList[MAXV];        //存放所有课程的数组
        int n,e;                    //图的顶点数（课程数）和弧数
        void CreateALGraph(int n);  //创建邻接表
        void DispAdjGraph();        //输出邻接表
        int Locate(char* Cno);      //根据课号定位
};
void ALGraph :: CreateALGraph(int n)
{   //从文件读取课程信息，创建图的邻接表
    int i;
    this->n=n;                      //课程数
    this->e=0;                      //边或弧数
    FILE* fp=fopen("课程信息.txt", "r"); //课程信息文件中存储表7-1中的数据
    if(fp==NULL){
        printf("文件路径有误！！！");
        exit(1);
    }
    for(i=0;i<n;i++)
        AdjList[i].firstarc=NULL;   //初始化
        for(i=0;i<n;i++){           //读取课程信息
            fscanf(fp,"%s%s%d",AdjList[i].CNo,AdjList[i].CName, & AdjList[i].Credit);
            while(fgetc(fp)!='\n'){ //根据先修关系建立弧表
                char str[4];
                int s;
```

```cpp
                fscanf(fp,"%s",str);            //第 i 门课程的先修课号
                if(str!="")
                {
                    s=Locate(str);              //查询先修课号在顶点数组中的位置
                    if(s<0 || s>n)
                    {   //判断先修课号是否输入错误
                        cout<<AdjList[i].CNo<<"输入错误! \n";
                        exit(1);
                    }
                    ArcNode *p=new ArcNode;     //创建弧结点
                    p->adjvex=i;
                    p->nextarc= AdjList[s].firstarc; //将弧结点插入表头
                    AdjList[s].firstarc=p;
                    e++; //弧树增 1
                }
            }
        }
        fclose(fp);
        for(i=0;i<n;i++)                        //初始化顶点的入度
            AdjList[i].InDegree=0;
        for(i=0;i<n;i++)                        //求每个顶点的入度
            for(ArcNode * p=AdjList[i].firstarc; p; p=p->nextarc)
                AdjList[p->adjvex].InDegree++;
}
void ALGraph::DispAdjGraph()     //输出邻接表
{
    int i;
    ArcNode *p;
    cout<<"图 G 的邻接表:"<<endl;
    cout<<"序号\t"<<"课号\t"<<"课名\t\t"<<"学分\t"<<"入度"<<endl;
    for(i=0;i<this->n;i++)
    {
        cout<<i<<"\t"<<AdjList[i].CNo<<"\t"<<AdjList[i].CName<<"\t";
        cout<<AdjList[i].Credit<<"\t"<<AdjList[i].InDegree<<"\t";
        p=AdjList[i].firstarc;   //p 指向顶点 i 的第一个邻接点
        while(p!=NULL)           //输出课程 i 的所有后继课程组成的单链表
        {
            cout<<p->adjvex<<"-->";
            p=p->nextarc;
        }
        cout<<"∧"<<endl;         //∧表示边表结束
    }
}
int ALGraph::Locate(char* Cno)   //根据课号定位
{
    return (2==strlen(Cno))?Cno[1]-'1':(Cno[1]-'0')*10+Cno[2]-'1';
}
/*拓扑排序,并将结果存储在 temp 数组中*/
```

```
void TopSort(ALGraph G, VNode *temp)
{   //对图 G 进行拓扑排序，输出并保存排序结果到数组 temp 中
    SqStack <VNode> st;             //顺序栈
    int i, k, count=0;              //count 记录已输出的顶点个数
    ArcNode* p;
    VNode e;
    for(i=0;i<G.n;i++)              //将入度为 0 的顶点入栈
    if(G.AdjList[i].InDegree==0)
        st.Push(G.AdjList[i]);
    cout<<"拓扑排序结果为:"<<endl;
    while(!st.IsEmpty())             //当栈非空时循环
    {
        st.Pop(e);                   //入度为零的顶点出栈
        cout<<e.CNo<<"\t"<<e.CName<<"\t";//输出顶点信息
        temp[count]=e;               //将出栈顶点保存到数组 temp 中
        count++;
        p=e.firstarc;
        while(p!=NULL)               //将弧表中所有弧结点的入度减 1，如减为 0 则入栈
        {
            k=p->adjvex;
            G.AdjList[k].InDegree--;
            if(G.AdjList[k].InDegree==0)
                st.Push(G.AdjList[k]);
            p=p->nextarc;            //下一个弧结点
        }
    }
    if(count< G.n)                   //如果输出的顶点数小于图的顶点总数，则图中有回路
        cout<<"AOV 网有回路! ";
}
/*按各学期负担均匀输出并保存教学计划于文件中*/
void TeachingPlan1(VNode* A, int VexNum)
{   //数组 A 中存储着拓扑排序的结果，VexNum 为课程数
    FILE* fp=fopen("教学计划编制结果 1.txt","w");
    int c=0;                         //存储输出的课程数
    for (int i=0;i<SemesterNum;i++)
    {
        int b=0;                     //累计每学期学分
        fprintf(fp, "\n 第%d 个学期的课程为:",i+1);
        for(int j=0;j<VexNum/SemesterNum;j++)
        {
            if(b+A[c].Credit<=MaxCredit)   //判断是否超过最大学分
            {
                if(c==VexNum) break;
                fprintf(fp, "%s\t%s\t", A[c].CNo,A[c].CName);   //输出课程
                b=b+A[c].Credit;     //学分累计
                c++;                 //输出课程数加 1
            }
        }
```

```
            if(i<VexNum % SemesterNum)//输出平均后多余的课程
            {
             if(c== VexNum)break;
                cout<<A[c].CNo<<"\t"<<A[c].CName<<"\t";       //输出课程
                fprintf(fp, "%s %s", A[c].CNo,A[c].CName);
                b=b+A[c].Credit;      //学分累计
                c++;                  //输出课程数加1
            }
        }
    }
}
/*按课程尽可能集中在前几学期输出并保存教学计划在文件*/
void TeachingPlan2(VNode* A,int VexNum)
{   //数组A中存储着拓扑排序的结果,VexNum为课程数
    FILE* fp=fopen("教学计划编制结果2.txt", "w");
    int c=0;                //存储输出的课程数
    for(int i=0;i<SemesterNum; i++)
    {
        int b=0;            //累计每学期学分
        fprintf(fp,"\n第%d个学期的课程为:",i+1);
        while(b+A[c].Credit<=MaxCredit)  //判断是否超过最大学分
        {
            if(c==VexNum)break;
            fprintf(fp,"%s\t%s\t",A[c].CNo,A[c].CName);  //输出课程
            b=b+A[c].Credit;  //学分累计
            c++;              //输出的课程数加1
        }
    }
}
int main()
{   int i,n;                  //课程数
    ALGraph G;
    cout<<"请输入：学期总数  每学期学分上限  课程总数\n";
    cin>>SemesterNum>>MaxCredit>>n;
    if(n>MaxClass){
        cout<<"超出最大课程总数"<<MaxClass<<",请更改数据\n";
        exit(1);
    }
    if(SemesterNum>MaxSemester){
        cout<<"超出最大学期数"<<MaxSemester<<",请更改数据\n";
        exit(1);
    }
    G.CreateALGraph(n);       //从文件读取课程信息创建邻接表
    G.DispAdjGraph();
    VNode A[MAXV];
    TopSort(G,A);             //拓扑排序,将结果存储在A数组中
    cout<<"\n请选择教学计划编制方案：\n1.各学期负担均匀";
    cout<<"\n2.课程尽可能集中在前几学期\n";
    cin>>i;
```

```
    if(i==1)                          //选择第1种教学计划编制方案
        TeachingPlan1(A,n);
    else                              //选择第2种教学计划编制方案
        TeachingPlan2(A,n);
    cout<<endl;
    return 0;
}
```

说明：运行程序前，在工程的根目录下新建一个txt文件，命名为"课程信息"，把"表7-1 课程信息"中的数据存储在此文本文件中。当程序运行结束以后，会根据用户选择的不同的策略，将教学计划编制的结果输出到"教学计划编制结果1.txt"或者"教学计划编制结果2.txt"中。

当选择第1种策略即各学期负担均匀时，得到的教学计划编制结果为：
第1个学期的课程为：C9　高等数学　C10　线性代数
第2个学期的课程为：C11　普通物理　C6　计算机原理
第3个学期的课程为：C1　程序设计基础　C2　离散数学
第4个学期的课程为：C3　数据结构　C8　操作系统
第5个学期的课程为：C4　汇编语言　C5　图形学
第6个学期的课程为：C7　编译原理　C12　数值分析

当选择第2种策略即课程尽可能集中在前几学期时，得到的教学计划编制结果为：
第1个学期的课程为：C9　高等数学　C10　线性代数
第2个学期的课程为：C11　普通物理　C6　计算机原理　C1　程序设计基础
第3个学期的课程为：C2　离散数学　C3　数据结构
第4个学期的课程为：C8　操作系统　C4　汇编语言　C5　图形学
第5个学期的课程为：C7　编译原理　C12　数值分析

程序运行结果如图1-7-6所示。

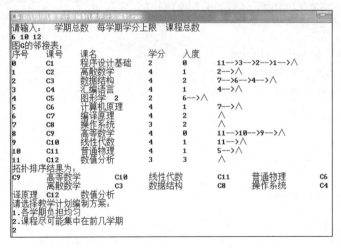

图1-7-6　案例7-4程序运行结果

7.4.3 综合性实训

案例7-5：超市选址问题

视频
超市选址问题

【实训目的】

掌握FLOYD算法的应用，加深对图的理解，培养解决实际问题的编程能力。

【实训内容】

n个村庄之间的交通图可以用有向图表示，图中边$<v_i, v_j>$上的权值表示村庄i到村庄j的道路长度。现在要建立一家超市，问超市建在哪一个村庄能使各村庄到超市的总体交通代价最少。

【实训程序】

```cpp
#include <iostream>
using namespace std;
#define MAXV 10              //顶点最大个数
#define INF 32767            //INF 表示+∞
void Floyd(int cost[][MAXV],int n){
    int A[MAXV][MAXV];       //A矩阵存储任意两个顶点之间的路径长度
    int i,j,k;
    for(i=0;i<n;i++)         //初始化A和path矩阵
        for(j=0;j<n; j++)
            A[i][j]=cost[i][j];
    for(k=0; k<n; k++)
    {
        for(i=0; i<n; i++)
            //求min{Ak[i][j], Ak+1[i][k]+Ak+1[k][j]}
            for(j=0; j<n; j++)
                if(A[i][j]>(A[i][k]+A[k][j]))
                A[i][j]=A[i][k]+A[k][j];
    }
    cout<<"任意两个村庄之间的最小交通代价为:"<<endl;
    for(i=0;i<n;i++){
        for(j=0;j<n;j++)
            cout<<A[i][j]<<"\t";
        cout<<endl;
    }
    int lowcost[MAXV]={0};
    for(i=0;i<n;i++)
        for(j=0;j<n;j++)
        {
            lowcost[i]+=A[i][j];
            lowcost[j]+=A[i][j];
        }
    for(i=0;i<n;i++)
    {
        cout<<"超市选在"<<i+1<<"号村庄，其他村庄到超市的交通总代价为:";
```

```
            cout<<lowcost[i]<<endl;
        }
        int min=INF;
        for(i=0;i<n;i++)
        {
            if(lowcost[i]<min)
            {
                min=lowcost[i];
                j=i;
            }
        }
        cout<<"超市应该建在"<<j+1<<"号村庄"<<endl;
}
int main(){
    //任意两个村庄之间的道路长度矩阵
    int cost[MAXV][MAXV]={
        {0,13,INF,4,INF},
        {13,0,15,INF,5},
        {INF,INF,0,12,INF},
        {4,INF,12,0,INF},
        {INF,INF,6,3,0}
    };
    int n=5;//村庄数
    Floyd(cost,n);
}
```

程序运行结果如图 1-7-7 所示。

```
任意两个村庄之间的最小交通代价为：
0    13   16   4    18
12   0    11   8    5
16   29   0    12   34
4    17   12   0    22
7    20   6    3    0

超市选在0号村庄，其他村庄到超市的交通总代价为：90
超市选在1号村庄，其他村庄到超市的交通总代价为：115
超市选在2号村庄，其他村庄到超市的交通总代价为：136
超市选在3号村庄，其他村庄到超市的交通总代价为：82
超市选在4号村庄，其他村庄到超市的交通总代价为：115
超市应该建在3号村庄
```

图 1-7-7 案例 7-5 程序运行结果图

说明：用 FLOYD 算法求得任意两个村庄之间最小交通代价矩阵 A。假设超市建在 i 村庄，则其他村庄往返的总交通代价为 A 矩阵中第 i 行和第 i 列之和。显然应该把超市建在村庄 3 时，总交通代价最小。

第 8 章

查找

8.1 知识体系

知识体系如图 1-8-1 所示。

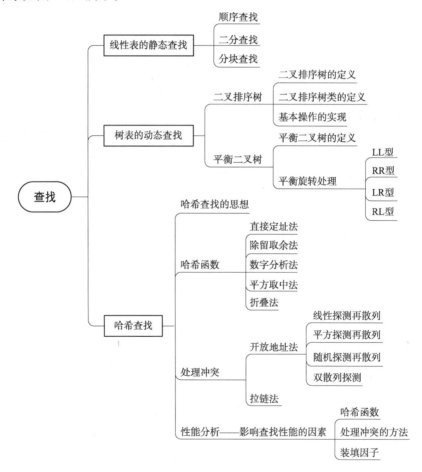

图 1-8-1 知识体系图

8.2 学习指南

（1）了解查找及查找表的相关概念。

（2）掌握各种不同的查找表的查找算法及性能分析方法。
（3）掌握哈希表的各种构造方法、冲突处理和性能分析。

8.3 内容提要

查找就是在数据集中找出一个"特定元素"。查找是计算机程序设计中一个相当重要的操作。

在软件设计中，通常是将待查找的数据元素集按照一定的存储结构存入计算机中，变为计算机可处理的数据结构，从而构成一种新的数据结构——查找表。

查找表是记录的集合，每个记录至少包含一个关键字。所谓查找就是根据给定的关键字值，在查找表中找出一个记录，该记录的关键字值等于给定的值。

由于查找表的范围和给定的关键字值不同，查找有两种可能的结果。一种是找到了相应的记录，称为查找成功。通常要求返回该记录的存储位置，以便对该记录做进一步处理。另一种是找不到相应的记录，称为查找失败，此时应返回一个能表示查找失败的值。

采用何种查找方法，取决于使用哪种数据结构来表示"表"。即表中记录是按何种方式组织的，根据不同的数据结构采用不同的查找方法。

若在查找的同时对表做修改运算（如插入和删除），则相应的表称为动态查找表，否则称为静态查找表。

查找算法中的基本运算是记录的关键字与给定值所进行的比较。其执行时间通常取决于关键字的比较次数，也称为平均查找长度。比较次数的多少就是相应算法的时间复杂度，它是衡量一个查找算法优劣的重要指标。平均查找长度 ASL 定义为：

$$\text{ASL} = \sum_{i=1}^{n} p_i \times c_i$$

其中，n 是查找表中记录的个数，p_i 是查找第 i 个记录的概率。一般地，均认为每个记录的查找概率相等，既 $p_i=1/n$（$1 \leq i \leq n$）。c_i 是找到第 i 个记录所需进行的比较次数。

8.3.1 顺序表的静态查找

顺序表是指线性表的顺序存储结构。在顺序表中的查找，根据元素之间是否具有递增（减）特性又可分为三种情况：简单顺序查找、二分查找和分块有序查找。

被查找的顺序表类型定义如下：

```
#define MAXLEN <表中最多记录个数>      //根据实际情况确定
typedef struct{
    KeyType key;                    //KeyType 为关键字的数据类型
    InfoType data;                  //其他数据
}SeqList;
```

1. 简单顺序查找

简单顺序查找对数据的特性没有什么要求，即无论是否具有递增（减）特性均可以进行。基本思想是：从表的一端开始，逐个把每条记录的关键字值与给定值 k 进行比较。若某个记录关键字值与给定值 k 相等，则查找成功，返回找到的记录位置。反之，若已查找到表的另一端，仍未找到关键字值与给定值相等的记录，则查找不成功，返回–1。

2. 二分查找

如果查找表已经按关键字递增（减）有序，则可采用二分查找（也称折半查找）来查找。

二分查找的基本思想是：每次在查找前先确定数组 A 中待查的范围 low 和 high（low<high），然后把待查元素 k 与中间位置（mid=(low+high)/2）中的元素的值进行比较。如果 k>A[mid]，则下一次的查找范围放在中间元素之后的元素中；反之，下一次的查找范围放在中间元素之前的元素中；直到 low>high，查找结束。

3. 分块查找

分块查找又称索引顺序查找，它是顺序查找法和二分查找法的一种结合。其基本思想是：首先把表长为 n 的线性表分成 b 块，前 $b-1$ 块记录个数为 $s=n/b$，第 b 块的记录个数小于等于 s。在每一块中，结点的存放不一定有序，但块与块之间必须是分块有序的（假设按结点的关键字值递增有序）。即指后一个块中所有记录的关键字值都应比前一个块中所有记录的关键字值大。为实现分块检索，还需要建立一个索引表。索引表的每个元素对应一个块，其中包括该块内最大关键字值和块中第一个记录位置的地址指针。显然这个索引顺序表是一个递增有序表。

索引表结点的数据类型定义如下：

```
#define MaxIndex <索引表的最大长度>       //根据实际确定
typedef struct{
    KeyType key;
    int link;
}IdxType;
```

在这种结构下，查找过程要分为两步：首先查找索引表。因为索引表是有序表，所以可采用二分查找或顺序查找，以确定给定值所在的块。因为块中的记录可以是任意排列的，所以第二步在已确定的块中进行顺序查找。

8.3.2 树表的动态查找

若要对动态查找表进行高效率的查找，可采用几种特殊的二叉树或树作为表的组织形式，这里将它们统称为树表。

1. 二叉排序树

二叉排序树又称为二叉查找树，它或者是空树，或者是满足如下性质的二叉树：
- 若它的左子树非空，则左子树上所有结点的值均小于根结点的值。
- 若它的右子树非空，则右子树上所有结点的值均大于根结点的值。
- 它的左、右子树本身又各是一棵二叉排序树。

二叉排序树结点的存储结构定义如下：

```
template <typename keyType>
typedef struct BSTNode{
    KeyType key;                              //结点中的关键字
```

```
        struct BSTNode *lchild,*rchild;      //左、右孩子指针
    };
```

（1）二叉排序树的插入。在二叉排序树中插入新记录，要保证插入后仍满足二叉排序树的性质。其插入过程的基本思想是：若二叉排序树为空，则将待插入的结点作为根结点。否则，将待插入结点的关键字值和根结点关键字值进行比较。若插入结点的关键字值小于根结点关键字值，则作为根结点左子树插入，否则作为右子树插入。

（2）二叉排序树的查找。对于一棵给定的二叉排序树，树中的查找运算很容易实现。其算法可描述如下：

- 当二叉树为空树时，检索失败。
- 如果二叉排序树根结点的关键字等于待检索的关键字，则检索成功。
- 如果二叉排序树根结点的关键字小于待检索的关键字，则在根结点的右子树中用相同的方法继续检索。
- 如果二叉排序树根结点的关键字大于待检索的关键字，则在根结点的左子树中用相同的方法继续检索。

（3）二叉排序树的删除。

删除操作必须首先进行查找。其算法描述如下：

若待删除的结点是叶结点，则直接删去该结点；若待删除的结点只有左子树而无右子树。根据二叉排序树的特点，可以直接将其左子树的根结点放在被删结点的位置；若待删除的结点只有右子树而无左子树，可以直接将其右子树的根结点放在被删结点的位置；若待删除的结点同时有左子树和右子树。根据二叉排序树的特点，可以从其左子树中选择关键字最大的结点或从右子树中选择关键字最小的结点放在被删除结点的位置上。

2. 平衡二叉树

平衡二叉树或是一棵空树，或是具有下列性质的二叉排序树：

（1）它的左子树和左子树的深度之差的绝对值不超过1。
（2）它的左、右子树都是平衡二叉树。

在算法中，通过平衡因子来具体实现上述平衡二叉树的定义。平衡二叉树中每个结点设有一个平衡因子域，其中存放的是该结点的左子树深度减去右子树深度的值，称为该结点的平衡因子。从平衡因子的角度来说，若一棵二叉树中所有结点的平衡因子取值均为1、0或–1，则该二叉树称为平衡二叉树。

平衡二叉树的基本操作与二叉排序树的基本操作有许多相似之处，但在操作后需要保持平衡二叉树的平衡性。一般来说，结点的插入和删除操作可能使得某个结点的平衡因子出现了大于1或小于–1的情况，说明破坏了平衡二叉树的结构。需要进行调整，使之重新变为平衡。调整的原则有两点：要满足平衡二叉树的要求；要保持二叉排序树的性质。

假设向平衡二叉树中插入一个新结点后破坏了平衡二叉树的平衡性。首先要找出插入新结点后失去平衡的最小子树根结点的指针，然后再调整这个子树中有关结点之间的链接关系，使之成为新的平衡子树。当失去平衡的最小子树被调整为平衡子树后，原有其他所有不平衡子树无须调整，整个二叉排序树就又成为一棵平衡二叉树。

失去平衡的最小子树是指以离插入结点最近，且平衡因子绝对值大于1的结点作为根的子树。

3. B-树

B-树是一种适用外查找方法的数据结构；又称为多路平衡查找树。它在文件系统中很有用，是一种在文件系统中常用的动态索引技术。

B-树中所有结点的孩子结点最大值称为 B-树的阶，通常用 m 表示。从查找效率考虑，一般要求 $m \geq 3$。一棵 m 阶的 B-树或者是一棵空树，或者是满足下列要求的 m 叉树：

（1）根结点或者为叶子，或者至少有两棵子树，至多有 m 棵子树。

（2）除根结点外，所有非终端结点至少有 $\lceil m/2 \rceil$ 棵子树，至多有 m 棵子树。

（3）所有叶子结点都在树的同一层上。

（4）每个结点的结构为：

$$(n, A_0, K_1, A_1, K_2, A_2, \ldots, K_n, A_n)$$

其中，$K_i(1 \leq i \leq n)$ 为关键字，且 $K_i < K_{i+1}(1 \leq i \leq n-1)$，即关键字是递增有序的。$A_i(0 \leq i \leq n)$ 为指向子树根结点的指针，且 A_i 所指子树所有结点中的关键字均小于 K_{i+1}。A_n 所指子树中所有结点的关键字均大于 K_n。n 为结点中关键字的个数，满足 $\lceil m/2 \rceil - 1 \leq n \leq m-1$（当该结点为根时满足 $2 \leq n \leq m-1$），显然 $n+1$ 为子树个数。

在 B-树中查找给定关键字的方法类似于二叉排序树的查找。不同的是在每个记录上确定向下查找的路径不一定是二路（即二叉）的，而是 $n+1$ 路的。

8.3.3 哈希表查找

哈希表又称散列表。是除顺序表、链接表和索引表之外的又一种存储数据的存储结构。

哈希表存储的基本思想是：以数据表中的每个记录的关键字 k 为自变量，通过一种函数 $H(k)$ 计算出函数值。把这个值解释为一块连续存储空间（即数组空间）的单元地址（即下标），将该记录存储到这个单元中。在此称该函数 $H( )$ 为哈希函数或散列函数。按这种方法建立的表称为哈希表或散列表。

1. 哈希函数的构造方法

构造哈希函数的方法很多。作为一种好的方法，应能使冲突尽可能地少，因而应具有较好的随机性。这样可使一组关键字的散列地址均匀地分布在整个地址空间。根据关键字的结构和分布的不同，可构造出许多不同的哈希函数。

（1）直接定址法：是以关键字 k 本身或关键字加上某个数值常量 c 作为散列地址的方法。该哈希函数 $H(k)$ 为：

$$H(k) = k + c \quad (c \geq 0)$$

（2）除留余数法：取关键字 k 除以散列表长度 m 所得余数作为哈希函数地址的方法，即

$$H(k) = k \% m$$

（3）平方取中法：取关键字平方后的中间几位作为哈希函数地址（若超出范围时，可再取模）。

（4）折叠法：这是在关键字的位数较多（如身份证号码），而地址区间较小时，常采用的一种方法。这种方法是将关键字分隔成位数相同的几部分（最后一部分不够时，可以补 0）。然后将这几部分的叠加和作为散列地址（若超出范围，可再取模）。具体叠加方法可以有多种，如每段最后一位对齐，或相邻两段首尾对齐等。

（5）数值分析法：如果事先知道所有可能的关键字的取值，可通过对这些关键字进行分析，发现其变化规律，构造出相应的哈希函数。

2. 冲突的解决方法

妥善处理冲突是构造散列表必须要解决的问题。假设散列表的地址范围为 $0 \sim m-1$，当对给定的关键字 k，由散列函数 $H(k)$ 算出的散列地址为 i（$0 \leq i \leq m-1$）的位置上已存有记录，这种情况就是冲突现象。处理冲突就是为该关键字的记录找到另一个"空"的散列地址，即通过一个新的散列函数得到一个新的散列地址。如果仍然发生冲突，则再求下一个，依此类推，直至新的散列地址不再发生冲突为止。

常用的处理冲突的方法有开放地址法、链地址法两大类。

（1）开放定址法。用开放定址法处理冲突就是当冲突发生时，形成一个地址序列。沿着这个序列逐个探测，直到找出一个"空"的开放地址，将发生冲突的关键字值存放到该地址中。

例如，$H_i=(H(k)+d(i))\%m$, $i=1,2,\ldots,k$, ($k<m-1$)，其中 $H(k)$ 为哈希函数，m 为哈希表长，d 为增量函数，$d(i)=d_1,d_2,\ldots,d_{n-1}$。增量序列的取法不同，可得到不同的开放地址处理冲突探测方法。

● 线性探测法。线性探测法是从发生冲突的地址（设为 d）开始，依次探查 $d+1,d+2,\ldots,m-1$（当达到表尾 $m-1$ 时，又从 0 开始探查）等地址，直到找到一个空闲位置来存放冲突处的关键字。若整个地址都找遍仍无空地址，则产生溢出。

线性探查法的数学递推描述公式为：

$$d_0=H(k)$$
$$d_i=(d_{i-1}+1)\%m \quad (1 \leq i \leq m-1)$$

● 平方探测法。设发生冲突的地址为 d，则平方探测法的探查序列为 $d+1^2$、$d+2^2$、……直到找到一个空闲位置为止。

平方探测法的数学描述公式为：

$$d_0=H(k)$$
$$d_i=(d_0+i^2)\%m \quad (1 \leq i \leq m-1)$$

（2）链地址法。用链地址法解决冲突的方法是：把所有关键字为同义词的记录存储在一个线性链表中，这个链表称为同义词链表。将这些链表的表头指针放在数组中（下标从 0 到 $m-1$）。这类似于图中的邻接表和树中孩子链表的结构。

8.4 实训案例概要

本章案例能够帮助学生掌握各种查找算法的实现。

8.4.1 验证性实训

案例 8-1：折半查找的实现

【实训目的】

（1）掌握折半查找算法的基本思想。
（2）掌握折半查找算法的实现方法。
（3）学会分析折半查找的时间性能。

【实训内容】

对于由随机产生的 n 个不相同的整数组成的数组，完成以下功能：

（1）选择一种排序方法使数组中元素有序。

（2）折半查找与给定值 k 相等的元素，如果数组中不存在与 k 相等的元素则将 k 插入数组中，并保持数组中元素的有序性。

（3）验证折半查找的查找性能。

【实训程序】

```cpp
#include <iostream>
#include <stdlib.h>
using namespace std;
#define Max 20
void CreateSet(int a[],int n)
{    //构造 n 个随机数组成的数组
    int i;
    for(i=1;i<=n;i++)           //0 号空间不用
    a[i]=rand()%100;            //随机产生 100 以内的整数
}
void DispSet(int a[],int n)
{
    for(int i=1;i<=n;i++) cout<<a[i]<<"  ";
    cout<<endl;
}
void SelectSort(int R[],int n)
{
    int i,j,k;
    int temp;
    for(i=1;i<=n;i++)           //做第 i 趟排序
    {
        k=i;
        for(j=i+1;j<n;j++)      //在当前无序区 R[i..n-1]中选最小的 R[k]
            if(R[j]<R[k])
                k=j;            //k 记下目前找到的最小关键字所在的位置
        if(k!=i)                //交换 R[i]和 R[k]
        {temp=R[i];R[i]=R[k]; R[k]=temp; }
    }
}
/*折半查找,若查找成功则返回元素的位置（大于等于 1），若查找失败则插入并返回 0*/
int BinarySeach(int R[],int &n,int k,int &count)
{   int j, low, high, mid;
    count=0;
    low=1;  high=n;
    while(low<=high)            //在 R[low..high]中查找
    {
        mid=(low+high)/2;       //取中间位置
        count++;                //比较次数增 1
        cout<<"第"<<count<<"次比较：与"<<R[mid]<<"比较"<<endl;
```

```
            if(k<R[mid])
                high=mid-1;              //在左半区查找
            else if(k>R[mid])
                low=mid+1;               //在右半区查找
            else return mid;
        }
        if(high<low){
            for(j=n;j>=high+1;--j)
                R[j+1]=R[j];             //从R[n..high+1]区间内的元素依次向后移动
            [high+1]=k;                  //将k插入到R[high+1]的位置
            n++;                         //插入k后数组元素个数加1
            return 0;
        }
}
int main(){
    int a[Max],n=10,i,k,count;
    CreateSet(a,n);
    cout<<"随机生成的"<<n<<"个元素组成的数组:"<<endl;
    DispSet(a,n);
    SelectSort(a,n);
    cout<<"排序后的数组:"<<endl;
    DispSet(a,n);
    cout<<"请输入要查找的元素:";
    cin>>k;
    i=BinarySeach(a,n,k,count);
    if(i>=1)
    {
    cout<<"查找成功,"<<k<<"在数组中的位置为:"<<i;
        cout<<" ,共比较了"<<count<<"次"<<endl;
    }
    else
    {
        cout<<"查找失败,插入"<<k<<"后的数组为:"<<endl;
        DispSet(a,n);
    }
}
```

程序运行结果如图 1-8-2 所示。

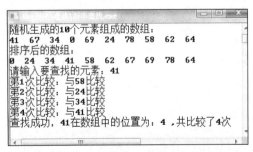

图 1-8-2 案例 8-1 程序运行结果

案例 8-2：哈希表的实现

【实训目的】

（1）掌握哈希查找算法的基本思想。

（2）掌握哈希表的构造方法。

（3）掌握线性探测处理冲突的方法。

（4）验证哈希查找的查找性能。

【实训内容】

（1）对于给定的一组整数和哈希函数，采用线性探测法处理冲突构造哈希表。

（2）在哈希表查找给定的值 k。

（3）验证哈希查找的查找性能，包括查找成功情况下的 ASL 和不成功情况下的 ASL。

【实训程序】

```cpp
//哈希函数：除留取余法，处理冲突的方法：线性探测再散列
#include <iostream>
using namespace std;
#define MaxSize 100             //定义最大哈希表长度
#define NULLKEY -1              //定义空关键字值
typedef int KeyType;            //关键字类型
typedef struct
{
    KeyType key;                //关键字域
    int searchlength;           //探测次数域
} HashTable;                    //哈希表中元素的类型
void InsertHT(HashTable ha[],int m,int p,KeyType k)
//将关键字 k 插入到哈希表中，m 为哈希表的表长，哈希函数为：k%p
{
    int i,adr;
    adr=k%p;                    //计算哈希函数值
    if (ha[adr].key==NULLKEY)   //k 可以直接放在哈希表中
    {
        ha[adr].key=k;
        ha[adr].searchlength=1;
    }
    else                        //发生冲突时采用线性探测法解决冲突
    {
        i=1;                    //i 记录 k 发生冲突的次数
        do
        {
            adr=(adr+1)%m;      //线性探测
            i++;
        } while(ha[adr].key!=NULLKEY);
        ha[adr].key=k;          //在 adr 处放置 k
        ha[adr].searchlength=i; //设置探测次数
    }
}
void CreateHT(HashTable ha[],int m,int p,KeyType keys[],int n)   //创建哈希表
```

```
{   //将 keys 数组中的 n1 个元素插入到哈希表 ha 中, 构造哈希表。m 为哈希表的表长,
    //哈希函数为: k%p
    int i;
    for(i=0;i<m;i++)                        //哈希表置空的初值
    {
        ha[i].key=NULLKEY;
        ha[i].searchlength=0;
    }
    for(i=0;i<n;i++)
        InsertHT(ha,m,p,keys[i]);           //插入 n 个关键字
}
void SearchHT(HashTable ha[],int m,int p,KeyType k)  //在哈希表中查找关键字 k
{
    int i=1,adr;
    adr=k%p;                                //计算哈希函数值
    while (ha[adr].key!=NULLKEY && ha[adr].key!=k)
    {
        cout<<"第"<<i<<"次比较: 与"<<ha[adr].key<<"比较"<<endl;
        i++;                                //累计关键字比较次数
        adr=(adr+1) % m;                    //线性探测, 再次计算哈希值
    }
    if(ha[adr].key==k){                     //查找成功
        cout<<"查找成功, 查找关键字"<<k<<", 比较"<<i<<"次\n";
        ha[adr].searchlength=i;
    }
    else                                    //查找失败
    cout<<"查找失败, 查找关键字"<<k<<", 比较"<<i<<"次\n";
}
void ASL(HashTable ha[],int n,int m,int p)  //求平均查找长度
{
    int i,j;
    int succ=0,unsucc=0,s;
    for(i=0;i<m;i++)
        if(ha[i].key!=NULLKEY)
        succ+=ha[i].searchlength;           //累计查找成功时关键字比较的总次数
    cout<<"查找成功情况下 ASL="<<succ*1.0/n<<"\n";
    for(i=0;i<p;i++)                        //计算查找不成功情况下的 ASL
    {
        s=1; j=i;
        while(ha[j].key!=NULLKEY)
        {
        s++;
        j=(j+1)%m;
        }
        unsucc+=s;
    }
    cout<<"查找不成功情况下 ASL="<<unsucc*1.0/m<<"\n";
}
```

```
void DispHT(HashTable ha[],int n,int m,int p)        //输出哈希表
{
   int i;
   int succ=0,unsucc=0;
   cout<<"i:\t\t";
   for(i=0;i<m;i++)                           //输出哈希表的序号
      cout<<i<<"\t";
   cout<<"\nkey:\t\t";
   for(i=0;i<m;i++)                           //输出关键字
      if(ha[i].key==NULLKEY)
         cout<<"\t";
      else
         cout<<ha[i].key<<"\t";
   cout<<"\n 探测次数:\t";
   for(i=0;i<m;i++)                           //输出每个关键字的探测次数
      if(ha[i].key==NULLKEY)
         cout<<"\t";
      else
         cout<<ha[i].searchlength <<"\t";
   cout<<endl;
}
int main()
{
   int keys[]={16,74,60,43,54,90,46,31,29,88,77};
   int n=11,m=13,p=13,k;
   HashTable ha[MaxSize];
   CreateHT(ha,m,p,keys,n);
   printf("哈希表:\n");
   DispHT(ha,n,m,p);
   ASL(ha,n,m,p);
   cout<<"请输入要查找的值:";
   cin>>k;
   SearchHT(ha,m,p,k);
   cout<<"请输入要查找的值:";
   cin>>k;
   SearchHT(ha,m,p,k);
   return 0;
}
```

程序运行结果如图 1-8-3 所示。

```
D:\程序\查找\哈希查找.exe
哈希表:
i:              0       1       2       3       4       5       6       7       8       9       10      11      12
key:            77              54      16      43      31      29      46      60      74      88              90
探测次数:       2               1       1       1       1       4       1       1       1       1               1
查找成功情况下ASL=1.36364
查找不成功情况下ASL=4.69231
请输入要查找的值: 51
第1次比较: 与90比较
第2次比较: 与77比较
查找失败, 查找关键字51, 比较3次
请输入要查找的值: 88
查找成功, 查找关键字88, 比较1次
```

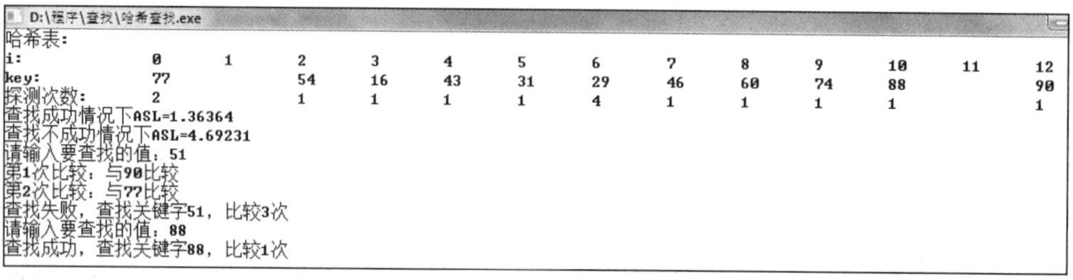

图 1-8-3　案例 8-2 程序运行结果

8.4.2 设计性实训

案例 8-3：二叉排序树的实现

【实训目的】

（1）掌握二叉排序树的存储结构和创建方法。
（2）掌握二叉排序树的查找方法。
（3）分析在二叉排序树中查找的时间性能。

【实训内容】

（1）对给定的同一查找集合，根据不同的顺序建立两棵二叉排序树。
（2）比较同一个待查值在不同二叉排序树上进行查找的比较次数。
（3）计算两棵不同的二叉排序树在查找成功情况下的平均查找长度，分析二叉排序树的查找性能。

【实训程序】

```cpp
#include <malloc.h>
#include <iostream>
using namespace std;
#define MAX 1000
template<class KeyType>
struct BSTNode
{
    KeyType key;                        //关键字项
    BSTNode<KeyType> *lchild,*rchild;   //左右孩子指针
}; //二叉排序树中结点的类型
template<class KeyType>
class BSTree{    //二叉排序树类模板
    public:
        BSTNode<KeyType> *root;         //指向根结点的指针
        int n;                          //树中的结点个数
        int sumSearchlength;            //树中所有结点的查找长度之和
        BSTree(){root=NULL;n=0;}
    bool InsertBST(BSTNode<KeyType> *&p, KeyType k);   //将k插入
    BSTNode<KeyType> *SearchBST(KeyType k,int &searchlength)    //查找k
    { return SearchBST(root,k,searchlength);}   //searchlength为找到k的比较次数
    double ASL_BST(){ return ASL_BST(root );}   //求二叉排序树的平均查找长度
    void CreateBST(KeyType A[],int n);//用数组A中的n个元素构造二叉排序树
    void DispBST( ){DispBST(root); }
    void DispBST(BSTNode<KeyType> *p);
    BSTNode<KeyType> *SearchBST(BSTNode<KeyType> *p, KeyType k,int &searchlength);
    double ASL_BST(BSTNode<KeyType> *p);
};
template <class KeyType>
bool BSTree<KeyType>::InsertBST(BSTNode<KeyType> *&p,KeyType k)
//在二叉排序树p中插入一个关键字为k的结点。插入成功返回真，否则返回假
{   if(p==NULL)                         //若p为空，新插入的结点为根结点
```

```cpp
        {   p=new BSTNode<KeyType>;
            p->key=k;p->lchild=p->rchild=NULL;
            return true;
        }
        else if (k==p->key)                      //树中存在相同关键字的结点，返回假
            return false;
        else if (k<p->key)
            return InsertBST(p->lchild,k);       //插入到左子树中
        else
            return InsertBST(p->rchild,k);       //插入到右子树中
}
template<class KeyType>
void BSTree<KeyType>::CreateBST(KeyType A[],int n)  //创建二叉排序树
{   int i=0;
    while(i<n)
    {   InsertBST(root,A[i]);                    //将关键字 A[i]插入二叉排序树中
        i++;
    }
    this->n=n;
    this->sumlength=0;
}
template<class KeyType>
void BSTree<KeyType>:: DispBST(BSTNode<KeyType> *p)
{   //以广义表形式输出二叉排序树 p
    if(p!=NULL)
    {
        cout<<p->key;                            //输出 p 结点
        if(p->lchild!=NULL || p->rchild!=NULL)
        {
            cout<<"(";                           //输出左括号
            DispBST(p->lchild);                  //递归输出左子树
            cout<<(",");                         //输出逗号分隔符
            if(p->rchild!=NULL)
                DispBST(p->rchild);              //递归输出右子树
            cout<<")";                           //输出右括号
        }
    }
    else cout<<"#";
}
template<class KeyType>
BSTNode<KeyType>*BSTree<KeyType>::SearchBST(BSTNode<KeyType> *p,
KeyType k,int &searchlength)
{   //在二叉排序树 bt 上查找关键字为 k 的记录，成功时返回该结点指针，否则返回 NULL
    //searchlength 返回找到 k 的比较次数
    searchlength++;
    if(p==NULL || p->key==k)                     //递归终结条件
    return p;
    if(k<p->key)
        return SearchBST(p->lchild,k,searchlength);   //在左子树中递归查找
```

```cpp
        else
            return SearchBST(p->rchild,k,searchlength);   //在右子树中递归查找
}
template<class KeyType>
double BSTree<KeyType>::ASL_BST( BSTNode<KeyType> *p)
{   //返回二叉排序树 p 在查找成功时的平均查找长度
    int searchlength=0;
    if(p){
        SearchBST(root,p->key,searchlength);
        sumSearchlength +=searchlength;
        searchlength=0;
        ASL_BST(p->lchild);             //在左子树中求查找长度
        searchlength=0;
        ASL_BST(p->rchild);             //在右子树中求查找长度
        return sumSearchlength *1.0/this->n;    //返回平均查找长度
    }
}
int main()
{
    BSTree<int> T1,T2;
    int n=10,k,searchlength=0;
    int a[MAX]={1,2,3,4,5,6,7,8,9,10};
    int b[MAX]={5,3,8,1,4,6,9,2,7,10};
    T1.CreateBST(a,n);
    cout<<"广义表表示的二叉排序树 T1: (#代表空树)"<<endl;
    T1.DispBST();
    cout<<"\n 请输入待查值:";
    cin>>k;
    T1.SearchBST(k,searchlength);
    cout<<"在二叉排序树 T1 中查找"<<k<<"比较次数为:"<<searchlength<<endl;
    cout<<"二叉排序树 T1 在查找成功情况下的平均查找长度:"<<T1.ASL_BST()<<endl;
    T2.CreateBST(b,n);
    cout<<"广义表表示的二叉排序树 T2: (#代表空树)"<<endl;
    T2.DispBST();
    searchlength=0;
    T2.SearchBST(k,searchlength);
    cout<<"\n 在二叉排序树 T2 中查找"<<k<<"比较次数为:"<<searchlength<<endl;
    cout<<"二叉排序树 T2 在查找成功情况下的平均查找长度:"<<T2.ASL_BST()<<endl;
    return 0;
}
```

程序运行结果如图 1-8-4 所示。

```
广义表表示的二叉排序树T1: (#代表空树)
1(#,2(#,3(#,4(#,5(#,6(#,7(#,8(#,9(#,10)))))))))
请输入待查值: 5
在二叉排序树T1中查找5比较次数为: 5
二叉排序树T1在查找成功情况下的平均查找长度: 5.5
广义表表示的二叉排序树T2: (#代表空树)
5(3(1(#,2),4),8(6(#,7),9(#,10)))
在二叉排序树T2中查找5比较次数为: 1
二叉排序树T2在查找成功情况下的平均查找长度: 2.9
```

图 1-8-4 案例 8-3 程序运行结果

从这个例子可以看出，二叉排序树的查找性能跟其树的形态有关。为了提高查找性能，有时需要在插入结点后做平衡处理，即维护一棵平衡二叉树。

8.4.3 综合性实训

案例 8-4：平衡二叉树的实现

【实训目的】

（1）掌握平衡二叉树的存储结构和创建方法。
（2）掌握平衡二叉树的查找方法。
（3）掌握平衡二叉树的插入和删除算法。
（4）掌握平衡二叉树的平衡旋转技术。
（5）分析在平衡二叉树中查找的时间性能。

【实训内容】

（1）对给定的同一查找集合，根据创建平衡二叉树即在插入时做平衡处理。
（2）在平衡二叉树上做查找，输出比较的次数。
（3）在平衡二叉树上做删除操作，删除的同时做平衡处理。
（4）在平衡二叉树上做插入操作，插入的同时做平衡处理。
（5）计算平衡二叉树在查找成功情况下的平均查找长度，分析平衡二叉树的查找性能。

【实训程序】

```cpp
#include <iostream>
using namespace std;
template<class KeyType>
struct AVLNode                              //结点的类型
{
    KeyType key;                            //关键字项
    int bf;                                 //平衡因子
    AVLNode<KeyType> *lchild,*rchild;       //左右孩子指针
};
template<class KeyType>
class AVLTree{                              //平衡二叉树类模板
    public:
        AVLNode<KeyType> *root;             //指向根结点的指针
        int n;                              //树中的结点个数
        int sumSearchlength;                //树中所有结点的查找长度之和
        AVLTree(){root=NULL;n=0;sumSearchlength=0;}
        void CreateAVL(KeyType A[],int n);
        //对二叉树 p 做左平衡旋转处理
        void LeftProcess(AVLNode<KeyType> *&p,int &taller);
        //对二叉树 p 做右平衡旋转处理
        void RightProcess(AVLNode<KeyType> *&p,int &taller);
        /*插入元素 e,成功返回 1,否则返回 0。若插入后二叉排序树失去平衡,则做平衡旋转处理,布尔
变量 taller 反映二叉树 p 长高与否*/
        int InsertAVL(AVLNode<KeyType> *&p,KeyType e,int &taller);
        double ASL_AVL(AVLNode<KeyType> *p);//求二叉树 p 在查找成功情况下的平均查找长度
```

```cpp
    /*在 AVL 树 bt 上查找 k，成功时返回指向该结点指针，否则返回 NULL，searchlength 返回找
到 k 时的比较次数*/
    AVLNode<KeyType>* SearchAVL(AVLNode<KeyType>*bt,KeyType k,int &searchlength);
    void DispAVLTree(AVLNode<KeyType> *b);
    //在删除结点时做左平衡旋转处理
    void LeftProcess1(AVLNode<KeyType> *&p,int &taller);
    //在删除结点时做右平衡旋转处理
    void RightProcess1(AVLNode<KeyType> *&p,int &taller);
    //由 DeleteAVL()函数调用,用于处理被删结点的左右子树均不空的情况
    void Delete2(AVLNode<KeyType> *q,AVLNode<KeyType> *&r,int &taller);
    //在 AVL 树 p 中删除关键字为 x 的结点
    int DeleteAVL(AVLNode<KeyType> *&p,KeyType x,int &taller);
    int InsertAVL(KeyType e,int &taller){return InsertAVL(root,e,taller);}
    void DispAVLTree(){DispAVLTree(root);}
    AVLNode<KeyType>* SearchAVL(KeyType k,int &searchlength)
    { return SearchAVL(root,k,searchlength);}
    double ASL_AVL(){return ASL_AVL(root);}
    int DeleteAVL(KeyType x,int &taller) {return DeleteAVL(root,x,taller);}
};
template<class KeyType>
void AVLTree<KeyType>::LeftProcess(AVLNode<KeyType> *&p,int &taller)
{
    AVLNode<KeyType> *p1,*p2;
    if(p->bf==0)              //原本左、右子树等高,现因左子树增高而使树增高
    {p->bf=1; taller=1;}
    else if(p->bf==-1)        //原本右子树比左子树高,现左、右子树等高
    {p->bf=0; taller=0;}
    else                      //原本左子树比右子树高,需要做左子树的平衡处理
    {   p1=p->lchild;         //p1 指向结点 p 的左孩子
        if(p1->bf==1)         //新结点插入在结点 p 的左孩子的左子树上,要做 LL 调整
        {p->lchild=p1->rchild; p1->rchild=p; p->bf=p1->bf=0;    p=p1;}
        else if(p1->bf==-1)   //新结点插入在结点 p 的左孩子的右子树上,要做 LR 调整
        {
            p2=p1->rchild;p1->rchild=p2->lchild;p2->lchild=p1;p->lchild=p2->rchild;
            p2->rchild=p;
            if(p2->bf==0)              //新结点插在 p2 处作为叶子结点的情况
            p->bf=p1->bf=0;
            else if(p2->bf==1)         //新结点插在 p2 的左子树上的情况
            {p1->bf=0;p->bf=-1; }
            else                       //新结点插在 p2 的右子树上的情况
            {p1->bf=1;p->bf=0;}
                p=p2;p->bf=0;          //仍将 p 指向新的根结点,并置其 bf 值为 0
        }
        taller=0;
    }
}
template<class KeyType>
void AVLTree<KeyType>:: RightProcess(AVLNode<KeyType> *&p,int &taller)
```

```
//对以指针p所指结点为根的二叉树做右平衡旋转处理,本算法结束时,指针p指向新的根结点
{
    AVLNode<KeyType> *p1,*p2;
    if(p->bf==0)                    //原本左、右子树等高,现因右子树增高而使树增高
    {p->bf=-1; taller=1;}
    else if(p->bf==1)               //原本左子树比右子树高,现左、右子树等高
    {p->bf=0; taller=0;}
    else                            //原本右子树比左子树高,需要做右子树的平衡处理
    {
        p1=p->rchild;               //p1指向结点p的右子树根结点
        if(p1->bf==-1)              //新结点插入在结点b的右孩子的右子树上,要做RR调整
        {p->rchild=p1->lchild;p1->lchild=p;p->bf=p1->bf=0;p=p1;}
        else if(p1->bf==1)          //新结点插入在结点p的右孩子的左子树上,要做RL调整
        {   p2=p1->lchild; p1->lchild=p2->rchild; p2->rchild=p1;
            p->rchild=p2->lchild; p2->lchild=p;
            if(p2->bf==0)           //新结点插在p2处作为叶子结点的情况
            p->bf=p1->bf=0;
            else if(p2->bf==-1)     //新结点插在p2的右子树上的情况
            {p1->bf=0;p->bf=1;}
            else                    //新结点插在p2的左子树上的情况
            {p1->bf=-1;p->bf=0;}
            p=p2;p->bf=0;           //仍将p指向新的根结点,并置其bf值为0
        }
        taller=0;
    }
}
template<class KeyType>
int AVLTree<KeyType>::InsertAVL(AVLNode<KeyType> *&p,KeyType e,int &taller)
{
    if(p==NULL)             //原为空树,插入新结点,树"长高",置taller为1
    {   p=new AVLNode<KeyType>; p->key=e;
        p->lchild=p->rchild=NULL;
        p->bf=0; taller=1; }
    else
    {   if(e==p->key)       //树中已存在和e有相同关键字的结点则不再插入
        {   taller=0;       return 0; }
        if(e<p->key)        //应继续在结点b的左子树中进行搜索
        {   if((InsertAVL(p->lchild,e,taller))==0)  return 0;    //未插入
            if(taller==1) LeftProcess(p,taller);      //已插入到结点b的左子树中
                                                      //且左子树"长高"
        }
        else                //应继续在结点b的右子树中进行搜索
        {   if((InsertAVL(p->rchild,e,taller))==0)  return 0;    //未插入
            if(taller==1) RightProcess(p,taller); //已插入到b的右子树且右子
                                                  //树"长高"
        }
    }
    return 1;
```

```cpp
}
template<class KeyType>
void AVLTree<KeyType>::CreateAVL(KeyType A[],int n)      //创建平衡二叉树
{   int i=0,taller;
    while(i<n)
    {InsertAVL(root,A[i],taller);i++;}          //将关键字A[i]插入二叉排序树中
    this->n=n;                                   //给AVL树的结点数赋值
}
template<class KeyType>
void AVLTree<KeyType>::DispAVLTree(AVLNode<KeyType> *b)  //以广义表表示法输出AVL
{
    if(b!=NULL)
    {
        cout<<b->key;
        if(b->lchild!=NULL || b->rchild!=NULL)
        {
            cout<<"("; DispAVLTree(b->lchild);    //递归输出左子树
            if(b->rchild!=NULL) cout<<",";
            DispAVLTree(b->rchild);               //递归输出右子树
            cout<<")";
        }
    }
}
template<class KeyType>
AVLNode<KeyType>*AVLTree<KeyType>::SearchAVL(AVLNode<KeyType>*bt,KeyType k,int &searchlength)
{   searchlength++;
    if(bt==NULL || bt->key==k)   return bt;       //递归终结
    if(k<bt->key) return SearchAVL(bt->lchild,k,searchlength);   //在左子树中递归查找
    else return SearchAVL(bt->rchild,k,searchlength);    //在右子树中递归查找
}
template<class KeyType>
double AVLTree<KeyType>::ASL_AVL(AVLNode<KeyType> *p)
{   //返回平衡二叉树在查找成功时的平均查找长度
    int searchlength=0;
    if(p){
        SearchAVL(root,p->key,searchlength);
        sumSearchlength+=searchlength;
        searchlength=0;
        ASL_AVL(p->lchild);       //递归求左子树的平均查找长度
        searchlength=0;
        ASL_AVL(p->rchild);       //递归求右子树的平均查找长度
        return sumSearchlength*1.0/this->n;
    }
}
template<class KeyType>
void AVLTree<KeyType>::LeftProcess1(AVLNode<KeyType> *&p,int &taller) {
AVLNode<KeyType> *p1,*p2;
```

```
            if(p->bf==1)
            {   p->bf=0;taller=1; }
        else if(p->bf==0)
            {   p->bf=-1; taller=0;}
        else //p->bf=-1
            {   p1=p->rchild;
            if(p1->bf==0)              //需做 RR 调整
                {   p->rchild=p1->lchild;p1->lchild=p;p1->bf=1;p->bf=-1;p=p1;taller=0; }
            else if(p1->bf==-1)        //需做 RL 调整
                {   p->rchild=p1->lchild; p1->lchild=p;p->bf=p1->bf=0; p=p1;taller=1;}
            else                       //需做 RL 调整
                {    p2=p1->lchild; p1->lchild=p2->rchild;p2->rchild=p1; p->rchild=
p2->lchild; p2->lchild=p;
                if(p2->bf==0)
                {   p->bf=0;p1->bf=0;}
                else if(p2->bf==-1) {p->bf=1;p1->bf=0;}
                else
                {   p->bf=0;p1->bf=-1;   }
                p2->bf=0; p=p2; taller=1;
                }
            }
    }
template<class KeyType>
void AVLTree<KeyType>:: RightProcess1(AVLNode<KeyType> *&p,int &taller)
{   AVLNode<KeyType> *p1,*p2;
    if(p->bf==-1) {  p->bf=0;  taller=-1;}
    else if(p->bf==0)
        {   p->bf=1; taller=0;}
    else   //p->bf=1
        {   p1=p->lchild;
        if(p1->bf==0)              //需做 LL 调整
            {   p->lchild=p1->rchild;p1->rchild=p; p1->bf=-1;p->bf=1;p=p1;taller=0;}
        else if(p1->bf==1)         //需做 RL 调整
            {   p->lchild=p1->rchild;p1->rchild=p;p->bf=p1->bf=0;p=p1; taller=1;}
        else                       //需做 LR 调整
            {   p2=p1->rchild; p1->rchild=p2->lchild; p2->lchild=p1;
            p->lchild=p2->rchild; p2->rchild=p;
            if(p2->bf==0)
            { p->bf=0;p1->bf=0;}
            else if(p2->bf==1)
            { p->bf=-1;p1->bf=0;}
            else
            { p->bf=0;p1->bf=1;}
            p2->bf=0; p=p2; taller=1;
            }
        }
    }
template<class KeyType>
```

```cpp
void AVLTree<KeyType>:: Delete2(AVLNode<KeyType> *q,AVLNode<KeyType> *&r,int &taller)
{
    if(r->rchild==NULL)
    {   q->key=r->key; q=r; r=r->lchild; delete q; taller=1;}
    else
    {   Delete2(q,r->rchild,taller);if(taller==1) RightProcess1(r,taller);}
}
template<class KeyType>
int AVLTree<KeyType>::DeleteAVL(AVLNode<KeyType> *&p,KeyType x,int &taller)
{   //在 AVL 树 p 中删除关键字为 x 的结点
    int k; AVLNode<KeyType> *q;
    if(p==NULL)       return 0;
    else if(x<p->key)
    {   k=DeleteAVL(p->lchild,x,taller);
        if(taller==1) LeftProcess1(p,taller); return k;
    }
    else if(x>p->key)
    {   k=DeleteAVL(p->rchild,x,taller);
        if(taller==1) RightProcess1(p,taller); return k;
    }
    else         //找到了关键字为 x 的结点,由 p 指向它
    {   q=p;
    if(p->rchild==NULL)           //被删结点右子树为空
        {   p=p->lchild; delete q;  taller=1;}
        else if(p->lchild==NULL) //被删结点左子树为空
        {   p=p->rchild; delete q; taller=1;}
        else                     //被删结点左右子树均不空
        {   Delete2(q,q->lchild,taller);
            if(taller==1)LeftProcess1(q,taller);
            p=q;
        }
        return 1;
    }
}
int main()
{   AVLTree<int> b;
    AVLNode<int> *p;
    int k,searchlength=0,taller;
    int a[]={16,3,7,11,9,26,18,14,15},n=9;
    b.CreateAVL(a,n);
    printf("平衡二叉树为:");
    b.DispAVLTree();
    b.sumSearchlength=0;
    cout<<"\n 平均查找长度为:"<<b.ASL_AVL()<<endl;
    cout<<"请输入查找的值:";
    cin>>k;
    p=b.SearchAVL(k,searchlength);
```

```
        if(p) cout<<"查找"<<k<<"比较"<<searchlength<<"次"<<endl;
        else cout<<"查找失败，比较"<<searchlength<<"次"<<endl;
        for(int i=0;i<3;i++){
            cout<<"\n 请输入要删除的值:";
            cin>>k;
            b.DeleteAVL(k,taller);
            cout<<"删除关键字"<<k<<"后的平衡二叉树:";
            b.DispAVLTree( );
        }
        cout<<"\n 请输入要插入的值:";
        cin>>k;
        b.InsertAVL(k,taller);
        cout<<"插入关键字"<<k<<"后的平衡二叉树:";
        b.DispAVLTree( );
        cout<<endl;
        b.sumSearchlength=0;
        cout<<"平均查找长度为:"<<b.ASL_AVL()<<endl;
        return 0;
    }
```

程序运行结果如图 1-8-5 所示。

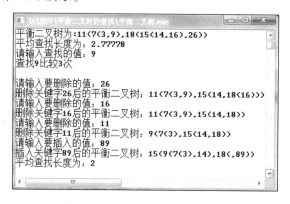

图 1-8-5　案例 8-4 程序运行结果

在平衡二叉树的插入和删除之后，如果破坏了平衡，立即进行平衡旋转，从而提高了查找速度。

第9章 排序

9.1 知识体系

知识体系如图 1-9-1 所示。

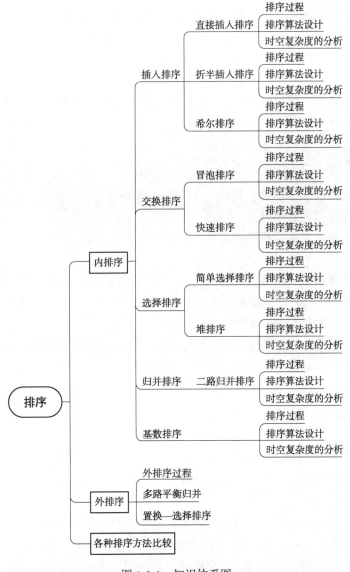

图 1-9-1 知识体系图

9.2 学习指南

（1）理解排序的定义和各种排序方法的特点，并能灵活应用。
（2）了解各种排序过程，掌握每一种排序方法所遵循的原则。
（3）掌握各种排序方法的时间复杂度的分析。
（4）充分理解排序方法中"稳定"和"不稳定"的含义。
（5）了解外部排序的方法，掌握实现多路归并的算法。

9.3 内容提要

排序是数据处理领域和软件设计中一种很常用的运算，排序的目的之一是方便查找。排序分为内排序和外排序，有多种排序的算法。内排序是将待排序的记录全部放在内存的排序，外排序是对存放在外存的大型文件的排序。外排序基于对有序归并段的归并，而初始归并的产生又基于内排序。

本章主要讨论各种内排序的方法，内部排序大致可分为插入排序、交换排序、选择排序、归并排序和基数排序。

9.3.1 插入排序

插入排序算法的基本思想是：每次将一个待排序的记录按其关键字的大小插入到有序表中，并始终保持有序表的有序性。

（1）直接插入排序是这类排序算法中最基本的一种，然而，该排序法时间性能取决于数据表的初始特性。

（2）希尔排序算法是一种改进的插入排序，其基本思想是：将待排序列划分为若干组，在每组内进行直接插入排序，以使整个序列基本有序，然后再对整个序列进行直接插入排序。其时间性能不取决于数据表的初始特性。

（3）折半插入排序是在一个有序表中进行查找和插入，而查找可以利用折半查找来实现，折半插入排序所需的附加存储空间和直接插入排序相同。从时间上看，折半插入排序仅减少了关键字的比较次数，但数据元素的移动次数不变，因此，折半插入排序的时间复杂性仍为 $O(n^2)$。

9.3.2 交换排序

交换排序的基本思想是：两两比较待排序列的元素，发现倒序即交换。基于这种思想的排序有冒泡排序和快速排序两种。

（1）冒泡排序的基本思想是：冒泡排序的方法是把全部记录按纵向排列，然后依次比较相邻两个记录的关键字大小，若为逆序则交换两者的位置。这样，经过一趟对全部记录的关键字比较之后，就使关键字最小的记录交换到上面一层，继续对下面 $n-1$ 个记录重复上述过程，且每趟都使一个最大的关键字记录交换到它所应放的位置。在经过 $n-1$ 趟这样的交换排序后，全部记录就已按关键字由小到大的次序排列好。

（2）快速排序是一种改进的交换排序，其基本思想是：以选定的元素为中间元素，将数据表划分为左、右两部分，其中左边所有元素不大于右边所有元素，然后再对左右两部分分别进行快速排序。

9.3.3 选择排序

选择排序的基本思想是：在每一趟排序中，在待排序子表中选出关键字最小或最大的元素放在其最终位置。直接选择排序和堆排序是基于这一思想的两个排序算法。

（1）直接选择排序算法采用的方法比较直观：通过在待排序子表中完整地比较一遍以确定最大（小）元素，并将该元素放在子表的最前（后）面。

（2）堆排序就是利用堆来进行的一种排序，其中堆是一个满足特定条件的序列，该条件用完全二叉树模型表示为每个结点不大于（小于）其左、右孩子的值。利用堆排序可使选择下一个最大（小）数的时间加快，因而降低算法的时间复杂度，达到 $O(n\log_2 n)$。

9.3.4 归并排序

归并排序是指将两个或两个以上的有序表合并成一个新的有序表的过程。将两个有序表合并成一个有序表的过程称为二路归并，二路归并最简单、常用。

归并算法的递归形式看起来简单，但适用性很差，因此最好采用非递归形式。归并算法的时间复杂度为 $O(n\log_2 n)$。二路归并排序是一种稳定的排序方法。

9.3.5 基数排序

基数排序的思想是：设立 r 个队列，队列的编号分别为 0, 1, 2,⋯, r–1。首先按最低有效位的值把 n 个关键字分配到这 r 个队列中，然后由小到大将各队列中的关键字再依次收集起来，接下来再按次低有效位的值把刚收集起来的关键字再分配到 r 个队列中。重复上述分配，直到最高有效位，这样即得到一个由小到大的有序关键字序列。基数排序是一种稳定的排序。

9.3.6 外部排序

外部排序的思想就是将排序过程分为两个相对独立的阶段。首先，按可用内存的大小，将文件中的数据分段输入内存，并利用有效的内部排序方法对它们进行排序，排序后的结果写回外存，通常称这些有序子文件为归并段或顺串，这样在外存中形成许多初始归并段；最后再将这些归并段逐趟归并，使得有序的归并段逐渐扩大，直至得到一个有序文件为止。

9.4 实训案例概要

本章主要针对排序操作及其实际应用展开，在案例中给出了各种排序方法对应的算法，通过本章案例可以更好地理解排序的相关概念。

案例 9-1：插入排序算法的实现

案例9-1
插入排序
算法的实现

【实训目的】
（1）掌握插入排序算法的基本思想。
（2）掌握插入排序算法的实现方法。
（3）验证插入排序算法的时间性能。

【实训内容】
　　对同一组数据分别进行直接插入排序、折半插入排序和希尔排序，输出排序过程和结果。

【实训程序】

```cpp
#include <iostream>
using namespace std;
#define Max 20
template <class KeyType>
struct RecType                              //记录类型
{   KeyType key;                            //关键字项
    //可以有其他数据项
};
template <class KeyType>
void DispList(RecType<KeyType> R[],int n){
    for(int i=1;i<=n;i++)
    cout<<R[i].key<<" ";
    cout<<endl;
}
template <class KeyType>
void Insert_Sort(RecType<KeyType> R[],int n)          //直接插入排序
    {int i,j,k,m=1;
    for(i=2;i<=n; i++)                     //i 表示待插入元素的下标
    {   if(R[i].key<R[i-1].key)
        {   R[0].key=R[i].key;
            for(j=i-1;R[0].key<R[j].key;j--)
                R[j+1].key=R[j].key;   //将大于R[i]的元素向后移动
            R[j+1].key=R[0].key;       //插入R[i]
            cout<<"第"<<m<<"趟排序,插入"<<R[0].key<<",插入结果:";
            m++;
            DispList(R,n);
        }
    }
}
template<class KeyType>
void Insert_halfSort(RecType<KeyType> R[],int n)
{   /*对顺序表R作折半插入排序*/
    int  i,j,low,high,mid,m=1;
    for(i=2; i<=n; i++)
    {   R[0]=R[i];                          //保存待插入元素
        low=1; high=i-1;                    //设置初始区间
```

```cpp
            while(low<=high)                //该循环语句完成确定插入位置
            {
                mid=(low+high)/2;
                if(R[0].key>R[mid].key)
                    low=mid+1;              //插入位置在后半部分中
                else
                    high=mid-1;             //插入位置在前半部分中
            }
            for(j=i-1;j>=high+1; --j)       //high+1 为插入位置
                R[j+1]=R[j];                //后移元素，空出插入位置
            R[high+1]=R[0];                 //将元素插入
            cout<<"第"<<m<<"趟排序,插入"<<R[0].key<<",插入结果:";
            m++;
            DispList(R,n);
        }
}
template<class KeyType>
void Shell_Sort(RecType<KeyType> R[],int n)
{   int i, j, d,m=1;
    RecType<KeyType> temp;
    d=n/2;                                  //初始增量为n/2
    while(d>0)
    {   //通过增量控制排序的执行过程
        for(i=d+1; i<=n; i++)
        {   //对各个分组进行处理
            j=i-d;
            while(j>=1)
                if(R[j].key>R[j+d].key)
                {
                    temp=R[j];              //R[j]与R[j+d]交换
                    R[j]=R[j+d];
                    R[j+d]=temp;
                    j=j-d;                  //j前移d个位置
                }
                else j=-1;
        }
        cout<<"第"<<m<<"趟排序:";
            m++;
        DispList(R,n);
        d=d/2;                              //递减增量d
    }
}
int main()
{   int i,n=7;
    RecType<int>  a[Max+1]={{0},{48},{37},{96},{75},{12},{24},{15}};
    RecType<int>  b[Max+1],c[Max+1];
    for(i=1;i<=n;i++)                       //排序前将数组a复制一份到数组b
        b[i].key=a[i].key;
```

```
    for( i=1;i<=n;i++)              //排序前将数组 a 复制一份到数组 c
       c[i].key=a[i].key;
    cout<<"排序前:";
    DispList(a,n);
    cout<<"直接插入排序：\n";
    Insert_Sort(a,n);
    cout<<"折半插入排序：\n";
    Insert_halfSort(b,n);
    cout<<"希尔排序：\n";
    Shell_Sort(c,n);
    return 0;
}
```

程序运行结果如图 1-9-2 所示。

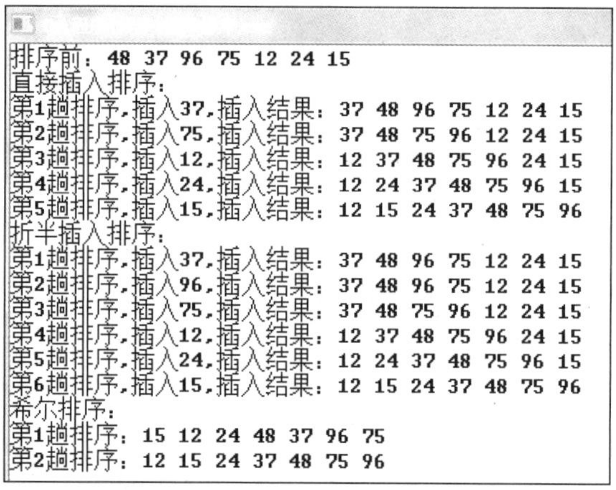

图 1-9-2　案例 9-1 程序运行结果

案例 9-2：交换排序算法的实现

案例9-2
交换排序
算法的实现

【实训目的】

（1）掌握冒泡排序和快速排序算法的基本思想。

（2）掌握冒泡排序和快速排序算法的实现方法。

（3）验证冒泡排序和快速排序算法的时间性能。

【实训内容】

对同一组数据分别进行冒泡排序和快速排序，输出排序过程和结果。

【实训程序】

```
#include <iostream>
using namespace std;
#define Max 20                      //数据个数最大值
template <class KeyType>
struct RecType                      //记录类型
{   KeyType key;                    //关键字项
    //可以有其他数据项
};
```

```cpp
int n=7;                              //数据的个数
template <class KeyType>
void DispList(RecType<KeyType> R[]){
    for(int i=1;i<=n;i++)
    cout<<R[i].key<<" ";
    cout<<endl;
}
template<class KeyType>
void Bubble_Sort(KeyType R[],int n)
{   //冒泡排序
    int i,j,flag=false,m=1;
    for(i=1; i<n; i++)
    {
        flag=true;                  //每趟比较前设置flag=true,假定该序列已有序
        for(j=1;j<=n-i;j++)
            if(R[j+1].key<R[j].key)
            {
                flag=false;         //如果有逆序的则置flag=true
                R[0]=R[j];
                R[j]=R[j+1];
                R[j+1]=R[0];
            }
        cout<<"第"<<m<<"趟排序:";
        m++;
        DispList(R);
        if(flag) return;            //flag为true则表示序列已有序,可结束排序
    }
}
int m=1;
template<class KeyType>
void Quick_Sort(KeyType R[],int left,int right)
{   //用递归方法把R[left]至R[righ]的记录进行快速排序
    int i=left, j=right,k;
    if(left<right)
    {
        R[0].key=R[left].key;       //将区间的第1个记录作为基准置入临时单元中
        while(i!=j){                //从序列两端交替向中间扫描,直至i=j为止
            while(j>i && R[j].key>=R[0].key)
                j--;                //从右向左扫描,找第1个关键字小于temp.key的R[j]
            if(i<j){                //若找到这样的R[j],将R[j]存放到R[i]处
                R[i].key=R[j].key; i++;
            }
            while(i<j&&R[i].key<=R[0].key)
                i++;                //从左向右扫描,找第1个关键字大于temp.key的R[i]
            if(i<j){                //找到则将R[i]存放到R[j]处
                R[j].key=R[i].key;
                j--;
            }
```

```
            }
            R[i].key=R[0].key;              //将基准放入其最终位置
            cout<<"第"<<m<<"次划分:";
            m++;
            DispList(R);
            Quick_Sort(R,left,i-1);         //对基准前面的数据进行递归排序
            Quick_Sort(R,i+1,right);        //对基准后面的数据进行递归排序
       }
}
int main()
{    int i;
     RecType<int>  a[Max+1]={{0},{48},{37},{96},{75},{12},{24},{15}};
     RecType<int>  b[Max+1];
     for(i=1;i<=n;i++)                      //排序前将数组 a 复制一份到数组 b
     b[i].key=a[i].key;
     cout<<"排序前:";
     DispList(a);
     cout<<"冒泡排序：\n";
     Bubble_Sort(a,n);
     cout<<"排序前:";
     DispList(b);
     cout<<"快速排序: \n";
     Quick_Sort(b,1,n);
     return 0;
}
```

程序运行结果如图 1-9-3 所示。

图 1-9-3　案例 9-2 程序运行结果

案例 9-3：选择排序算法的实现

【实训目的】

（1）掌握简单选择排序和堆排序算法的基本思想。

（2）掌握简单选择排序和堆排序算法的实现方法。

（3）验证简单选择排序和堆排序算法的时间性能。

【实训内容】

对同一组数据分别进行简单选择排序和堆排序，输出排序过程和结果。

【实训程序】

```cpp
#include <iostream>
using namespace std;
#define Max 20
template <class KeyType>
struct RecType                          //记录类型
{   KeyType key;                        //关键字项
    //可以有其他数据项
};
template <class KeyType>
void DispList(RecType<KeyType> R[],int n){
    for(int i=1;i<=n;i++)
    cout<<R[i].key<<" ";
    cout<<endl;
}

template<class KeyType>
void Select_Sort(RecType<KeyType> R[],int n)
{   int i,j,k,m=1;
    for(i=1;i<n;i++){              //进行 n-1 趟排序，每趟选出 1 个最小记录
        k=i;                       //假定起始位置为最小记录的位置
        for(j=i+1;j<=n;j++)        //查找最小记录
            if(R[j].key<R[k].key)
                k=j;
            if(i!=k){              //如果 k 不是假定位置，则交换
                R[0].key=R[k].key;R[k].key=R[i].key; R[i].key=R[0].key;
                cout<<"第"<<m<<"趟排序:";  m++;  DispList(R,n);
            }
    }
}
template<class KeyType>
void Sift(RecType<KeyType> R[],int k,int n)
{   //将 R[k]...R[n]调整为堆
    int i,j; i=k;
    j=2*i;                          //计算 R[i]的左孩子位置
    R[0].key=R[i].key;              //将 R[i]保存在临时单元中
    while(j<=n)
    {
        if((j<n)&&(R[j].key<R[j+1].key))
            ++j;                    //选择左右孩子中大者
        if(R[0].key<R[j].key)       //当前结点小于左右孩子的最大者
        {
            R[i].key=R[j].key;
            i=j; j=2*i;
        }
        else break;
    }
    R[i].key=R[0].key;              //被筛选结点放到最终合适的位置
}
```

```
template<class KeyType>
void Heap_Sort(RecType<KeyType> R[],int n)
{   //对数组 R 进行堆排序
    int j,m=1;
    for(j=n/2;j>0;--j)              //建初始堆
        Sift(R,j,n);
    cout<<"初始堆:";
    DispList(R,n);
    for(j=n;j>1;--j)
    {   //进行 n-1 趟堆排序
        R[0].key=R[1].key;          //将堆顶元素与堆中最后一个元素交换
        R[1].key=R[j].key; R[j].key=R[0].key;
        Sift(R,1,j-1);              //将 R[1]..R[j-1]调整为堆
        cout<<"第"<<m<<"趟堆排序:";  m++; DispList(R,n);
    }
}
int main()
{   int i,n=7;
    RecType<int>  a[Max+1]={{0},{48},{37},{96},{75},{12},{24},{15}};
    RecType<int>  b[Max+1];
    for(i=1;i<=n;i++)               //排序前将数组 a 复制一份到数组 b
        b[i].key=a[i].key;
    cout<<"排序前:";
    DispList(a,n);
    cout<<"简单选择排序: \n";
    Select_Sort(a,n);
    cout<<"堆排序: \n";
    Heap_Sort(b,n);
    return 0;
}
```

程序运行结果如图 1-9-4 所示。

```
排序前: 48 37 96 75 12 24 15
简单选择排序:
第1趟排序: 12 37 96 75 48 24 15
第2趟排序: 12 15 96 75 48 24 37
第3趟排序: 12 15 24 75 48 96 37
第4趟排序: 12 15 24 37 48 96 75
第5趟排序: 12 15 24 37 48 75 96
堆排序:
初始堆: 96 75 48 37 12 24 15
第1趟堆排序: 75 37 48 15 12 24 96
第2趟堆排序: 48 37 24 15 12 75 96
第3趟堆排序: 37 15 24 12 48 75 96
第4趟堆排序: 24 15 12 37 48 75 96
第5趟堆排序: 15 12 24 37 48 75 96
第6趟堆排序: 12 15 24 37 48 75 96
```

图 1-9-4　案例 9-3 程序运行结果图

第二部分

习题及参考答案

一、习题

第1章 绪论习题

一、选择题

1. 数据元素是数据的基本单位，其中（　　）数据项。
   A. 只能包括一个　　　　　　B. 不包括
   C. 可以包括多个　　　　　　D. 可以包括也可以不包括
2. 在数据结构中，从逻辑上可以把数据结构分成（　　）。
   A. 动态结构和静态结构　　　B. 紧凑结构和非紧凑结构
   C. 线性结构和非线性结构　　D. 内部结构和外部结构
3. 逻辑关系是指数据元素的（　　）。
   A. 关系　　　B. 存储方式　　　C. 结构　　　D. 数据项
4. 逻辑结构是（　　）关系的整体。
   A. 数据元素之间逻辑　　　　B. 数据项之间逻辑
   C. 数据类型之间　　　　　　D. 存储结构之间
5. 数据结构有（　　）种基本逻辑结构。
   A. 1　　　B. 2　　　C. 3　　　D. 4
6. 若一个数据具有集合结构，则元素之间具有（　　）。
   A. 线性关系　　B. 层次关系　　C. 网状关系　　D. 无任何关系
7. 用C++语言描写的算法（　　）。
   A. 可以直接在计算机上运行　　B. 可以描述解题思想和基本框架
   C. 不能改写成C语言程序　　　D. 与C语言无关
8. 一个存储结点存放一个（　　）。
   A. 数据项　　B. 数据元素　　C. 数据结构　　D. 数据类型
9. 与数据元素本身的形式、内容、相对位置、个数无关的是数据的（　　）。
   A. 逻辑结构　　B. 存储结构　　C. 逻辑实现　　D. 存储实现
10. 计算算法的时间复杂度是属于一种（　　）。
    A. 事前统计的方法　　　　B. 事前分析估算的方法
    C. 事后统计的方法　　　　D. 事后分析估算的方法
11. 算法分析的目的是（【1】），算法分析的两个主要方面是（【2】）。
    A.【1】找出数据结构的合理性　　【2】数据复杂性和程序复杂性
    B.【1】分析算法的效率以求改进　【2】空间复杂度和时间复杂度
    C.【1】分析算法的易懂性和文档性　【2】正确性和简明性

D. 【1】研究算法中输入和输出的关系　【2】可读性和文档性
12. 算法的时间复杂度取决于（　　）。
    A. 问题的规模　　　　　　　　　B. 待处理数据的初态
    C. 计算机的配置　　　　　　　　D. A 和 B

二、填空题

1. 数据的基本单位是_____。
2. 数据结构是相互之间存在一种或多种特定的关系的数据元素的集合，它包括三方面的内容，分别是_____、_____和_____。
3. 在线性结构、树结构和图结构中，前驱和后继结点之间分别存在着_____、_____和_____的联系。
4. 一个算法应具备_____、_____、_____、_____、_____5个特征。
5. 一个算法的时间复杂性通常用_____形式表示。
6. 数据的逻辑结构被分为_____、_____、_____和_____4种。
7. 数据的存储结构被分为_____、_____、_____和_____4种。
8. 一种抽象数据类型包括_____和_____两部分。
9. 在下面的程序段中，s=s+p 语句的执行次数为_____，p+=j 语句的执行次数为_____，该程序段的时间复杂度为_____。

```
int i=0,s=0;
while (++i<=n)
{   p=1;
    for(j=1 ;j<=i;j++)
    p+=j;
    s=s+p;
}
```

三、简答题

1. 简述数据与数据元素的关系与区别。
2. 简述数据、数据元素、数据类型、数据结构、存储结构、线性结构、非线性结构的概念。
3. 说出数据结构中的四类基本逻辑结构，并说明哪种关系最简单、哪种关系最复杂。
4. 逻辑结构、存储结构各有哪几种？
5. 简述顺序存储结构与链式存储结构在表示数据元素之间关系上的主要区别。
6. 简述逻辑结构与存储结构的关系。

四、算法分析题

1. 指出下列算法的功能并分析其时间复杂度。
（1）算法描述如下：

```
int sum1(int n)
{
    int p=1,sum=0,i;
    for(i=1;i<=n;++i)
    {   p*=i;
        sum+=p;
    }
    return (sum)
}
```

（2）算法描述如下：

```
int sum2(int n)
{
    int sum=0,i,j;
    for(i=1;i<=n; i++)
    {   p=1;
        for(j=1;j<=i;j++)   p*=j;
        sum+=p;
    }
    return (sum)
}
```

2. 下面是一段求矩阵相乘的算法，请分析其时间复杂度。

```
Void matrimult(int a[M][N], int b[N][L], int c[M][L])
{
    int i,j,k
    for(i=0;i<M; i++)
        for(j=0;j<L; j++)
            c(i,j)=0;
    for(i=0;i<M; i++)
        for(j=0;j<L; j++)
            for(k=0;k<N; k++)
                c(i,j)+=a(i,k)* b(k,j);
}
```

第2章 线性表习题

一、选择题

1. L 是线性表，已知 Length(L)的值是 5，经运算 Delete(L,2)后，length(L)的值是（   ）。
   A. 5   B. 0   C. 4   D. 6
2. 线性表中，（   ）只有一个直接前驱和一个直接后继。
   A. 首元素   B. 尾元素   C. 中间的元素   D. 所有的元素
3. 带头结点的单链表为空的判定条件是（   ）。

A. head==NULL B. head->next==NULL
C. head->next=head D. head!=NULL

4. 不带头结点的单链表 head 为空的判定条件是（   ）。
   A. head=NULL B. head->next==NULL
   C. head->next=head D. head!=NULL

5. 非空的循环单链表 head 的尾结点 P 满足（   ）。
   A. p->next==NULL B. p==NULL
   C. p->next==head D. p=-head

6. 线性表中各元素之间的关系是（   ）关系。
   A. 层次 B. 网状 C. 有序 D. 集合

7. 在循环链表的一个结点中有（   ）个指针。
   A. 1 B. 2 C. 0 D. 3

8. 在单链表的一个结点中有（   ）个指针。
   A. 1 B. 2 C. 0 D. 3

9. 在双向链表的一个结点中有（   ）个指针。
   A. 1 B. 2 C. 0 D. 3

10. 在一个单链表中，若删除 p 所指结点的后继结点，则执行（   ）。
    A. p->next=p->next->next; B. p=p->next; p->next=p->next->next;
    C. p->next=p->next; D. p=p->next->next;

11. 指针 P 指向循环链表 L 的首元素的条件是（   ）。
    A. P==L B. P->next==L C. L->next==P D. P->next==NULL

12. 在一个单链表中，若在 p 所指结点之后插入 s 所指结点，则执行（   ）。
    A. s->next=p; p->next=s; B. s->next=p->next; p->next=s;
    C. s->next=p->next; p=s; D. p->next=s; s->next=p;

13. 在一个单链表中，已知 q 是 p 的前驱结点，若在 q 和 p 之间插入结点 s,则执行(   )。
    A. s->next=p->next; p->next=s; B. q->next=s->next; s->next=p;
    C. q->next=s; s->next=p; D. p->next=s; s->next=q;

14. 假设双链表结点的类型如下：

```
 typedef struct LinkNode
{   int  data;                  //数据域
    struct LinkNode  *llink;    //指向前驱结点的指针域
    struct linknode  *rlink;    //指向后继结点的指针域
}bnode
```

现将一个 q 所指新结点作为非空双向链表中的 p 所指结点的前驱结点插入到该双链表中，能正确完成此要求的语句段是（   ）。

A. q->rlink=p;
   q->llink=p->llink;
   p->llink=q;
   p->llink->rlink=q;

B. p->llink=q;
   q->rlink=p;
   p->llink->rlink=q;
   q->llink=p->llink;

C. q->llink=p->rlink; D. 以上都不对
q->rlink=p;
p->llink->rlink=q;
p->llink=q;

15. 在一个长度为 n（n>1）的单链表上，设有头和尾两个指针，执行（　　）操作与链表的长度无关。
A. 删除单链表中的第一个元素
B. 删除单链表中最后一个元素
C. 在单链表第一个元素前插入一个新元素
D. 在单链表最后一个元素后插入一个新元素

二、填空题

1. 在线性表的顺序存储中，元素之间的逻辑关系是通过_____决定的；在线性表的链式存储中，元素之间的逻辑关系是通过_____决定的。
2. 在一个单链表中，指针 p 所指结点为最后一个结点的条件是_____。
3. 下面语句实现的是在一个单链表最后一个结点 r 之后插入结点 s，则需执行的 3 条语句是_____。

```
r=s;
r->next=NULL;
```

4. 对于一个具有 n 个结点的单链表，在已知 p 所指结点后插入一个新结点的时间复杂度是_____；在值域为给定值的结点后插入一个新结点的时间复杂度是_____。
5. 单链表是_____的链接存储表示。
6. 单链表中设置头结点的作用是_____。
7. 在单链表中，除首结点外，任一结点的存储位置由_____指示。
8. 在非空双向循环链表中，在结点 q 的前面插入结点 p 的过程如下：

```
p->prior;
q->prior;
q->prior->next=p;
p->next=q;
_____;
```

9. 在双向链表中，每个结点有两个指针域，一个指向_____，另一个指向_____。
10. 顺序表中逻辑上相邻的元素的物理位置_____紧邻。单链表中逻辑上相邻的元素的物理位置_____紧邻。

三、简答题

1. 在单链表和双向链表中，能否从当前结点出发访问到任一结点？
2. 线性表的顺序存储结构具有三个不足：
（1）插入或删除过程中需要移动大量的数据元素。

（2）在顺序存储结构下，线性表的存储空间不便扩充。

（3）线性表的顺序存储结构不便于对存储空间的动态分配。

线性表的链式存储结构是否一定都能够克服上述三点不足？请说明。

3. 用线性表的顺序存储结构描述一个城市的设计和规划是否合适？为什么？

4. 若较频繁地对一个线性表进行插入和删除操作，该线性表宜采用哪种存储结构？为什么？

5. 简述以下算法的功能：

```
Status A(LinkedList L)
{   //L 是无表头单链表
    if(L&&L->next)
        Q=L;L=L->next;P=L;
    while(P->next){
        p=p->next;
        p->next=Q;
        Q->next=NULL;
    }
    return OK;
}
```

6. 线性表有两种存储结构：一是顺序表，二是链表。试问：

（1）如果有 n 个线性表同时存在，并且在处理过程中各表的长度会动态地发生变化，线性表的总数也会自动地变化。在此情况下，应选哪种存储结构？为什么？

（2）如果线性表的总数基本稳定，且很少进行插入和删除，但要求以最快的速度存取线性表中的元素，那么应采取哪种存取结构？为什么？

7. 链表所表示的元素是否是有序的？如果有序，则有序性体现在何处？链表所表示的元素是否一定要在物理上是相邻的？有序表的有序性又如何理解？

四、算法设计题

1. 给定（已生成）一个带头结点的单链表，设 head 为头指针，结点的结构为（data,next），data 为整数元素，next 为指针。试写出算法：按递增次序输出单链表中各结点的数据元素并释放结点所占的存储空间。（要求：不允许使用数组作辅助空间）

2. 已知数组线性表数据类型，写一个算法，删除线性表中小于 0 的所有元素。

3. 有一个单链表，其头指针为 head，编写一个函数计算数据域为 X 的结点个数。

4. 编写算法，实现在无头结点的线性链表 L 中删除第 i 个结点的操作 Delete(L,i)。

5. 编写算法，实现在无头结点的线性链表 L 中第 i 个结点前插入数据为 e 的结点的操作 insert(L,i,e)。

6. 设计将一个双向循环链表逆置的算法。

7. 已知递增有序的单链表 A、B 分别存储了一个集合，请设计算法以求出两个集合 A 和 B 的差集 $A-B$（即仅由 A 中出现而不在 B 中出现的元素所构成的集合），并以同样的形式存储，同时返回该集合的元素个数。

8. 知两个整数集合 A 和 B，它们的元素分别依元素值递增有序存放在两个单链表 H_a 和

H_B 中,编写一个函数求出这两个集合的并集 C,并要求表示集合 C 的链表 H_C 的结点仍依元素值递增有序存放。

9. 已知 A、B 和 C 为三个递增有序的线性表,现要求对 A 表做如下操作:删去那些在 B 表中出现又在 C 表中出现的元素。试对单链表编写实现上述操作(要求释放表 A 中的无用结点空间)的算法,并分析算法的时间复杂度(注意:题中没有特别指明表中的元素各不相同)。

10. 有两个单链表 A 和 B,A:$\{a_1,a_2,...,a_n\}$,B:$\{b_1,b_2,...,b_n\}$,编写函数将其合并成一个链表 C,$C=\{a_1,b_1,a_2,b_2,...,a_n,b_n\}$。

11. 假设由两个按元素递增有序排列的线性表 A 和 B,均以单链表做存储结构。请编写算法,将表 A 和表 B 归并成一个按元素值非递减有序(允许值相同)排列的线性表 C,并要求利用原表(即表 A 和表 B)的结点空间存放表 C。

12. 设在一个带表头结点的单链表中所有元素结点的数据值按递增顺序排列,试编写一个函数,删除表中所有大于 min 小于 max 的元素(若存在)。

13. 有两个循环链表,链头指针分别为 L1 和 L2,要求将 L2 链表链到 L1 链表之后,且链接后仍保持循环链表形式,试写出程序并估计时间复杂度。

第 3 章 栈和队列习题

一、选择题

1. 一个栈的输入序列为(1, 2, ..., n),若输出序列的第 1 个元素是 n,则输出序列的第 i($1 \leqslant i \leqslant n$)个元素是( )。

    A. 不确定   B. $n-i+1$ C. i D. $n-i$

2. 设栈 S 和队列 Q 的初始状态为空,元素 e1、e2、e3、e4、e5 和 e6 依次进入栈 S,一个元素出栈后即进入 Q,若 6 个元素出队的序列是 e2、e4、e3、e6、e5 和 e1,则栈 S 的容量至少应该是( )。

    A. 2   B. 3   C. 4   D. 6

3. 若一个栈以数组 v[1..n]存储,初始栈顶指示器 top 为 $n+1$,则下面 x 进栈的正确操作是( )。

    A. top=top+1; v[top]=x   B. v[top]=x;top=top+1

    C. top=top−1; v[top]=x   D. v[top]=x;top=top−1

4. 如果用数组 a[1..100]来实现一个大小为 100 的栈,并且用变量 top 来指示栈顶,top 的初值为 0,表示栈空。在 top 为 100 时,再进行入栈操作,会产生( )。

    A. 正常动作   B. 溢出   C. 下溢   D. 上溢

5. 栈可以在( )中应用。

    A. 递归调用   B. 子程序调用   C. 表达式求值   D. A、B 和 C

6. 设计算法,判别一个表达式中左、右括号是否配对。采用( )数据结构最佳。

    A. 线性表的顺序存储结构   B. 队列

    C. 线性表的链式存储结构   D. 栈

7. 用不带头结点的单链表存储队列时，若队头指示器指向队头结点，队尾指示器指向队尾结点，则在进行删除运算时（　　）。

  A. 仅修改队头指示器　　　　　　B. 仅修改队尾指示器

  C. 队头、队尾指示器都要修改　　D. 队头、队尾指示器都可能要修改

8. 循环队列用数组 a[0..m-1] 存放其元素值，用 front 和 rear 分别表示队头和队尾指示器，则当前队列中的元素个数为（　　）。

  A. (rear-front+m)%m　　　　　　B. rear-front+1

  C. rear-front-1　　　　　　　　D. rear-front

9. 若用一个大小为 6 的数组来实现循环队列，且当前 rear 和 front 值分别为 0 和 3，从队列中删除一个元素，再加入两个元素后，rear 和 front 的值分别为（　　）。

  A. 1 和 5　　　B. 2 和 4　　　C. 4 和 2　　　D. 5 和 1

10. 栈和队列的共同点是（　　）。

  A. 都是先进先出

  B. 都是先进后出

  C. 只允许在端点处插入和删除元素

  D. 没有共同点

11. 在一个链队列中，假定 front 和 rear 分别为队头和队尾指示器，则插入 *s 结点的操作为（　　）。

  A. front->next=s;front=s;　　　　B. s-next=rear;rear=s;

  C. rear-next=s;rear=s;　　　　　　D. s->next=front;front=s;

12. 判定一个栈 S（元素个数最多为 N）为空和为满的条件分别为（　　）。

  A. S->top=0 和 S->top!=N-1　　　B. S->top=-1 和 S->top=N-1

  C. S->top!=0 和 S->top!=N-1　　　D. S->top!=-1 和 S->top=N-1

13. 采用共享栈的好处是（　　）。

  A. 减少存取时间，降低发生上溢的可能

  B. 节省存储空间，降低发生上溢的可能

  C. 减少存取时间，降低发生下溢的可能

  D. 节省存储空间，降低发生下溢的可能

14. 最不适合用作链队列的链表是（　　）。

  A. 只带队头指示器的非循环双链表

  B. 只带队头指示器的循环双链表

  C. 只带队尾指示器的循环双链表

  D. 只带队尾指示器的循环单链表

15. 下列数据结构，常用于系统程序作业调度的是（　　）。

  A. 栈　　　　　B. 队列　　　　C. 链表　　　　D. 数组

16. 若栈采用顺序存储方式存储，现两栈共享空间 v[1..m]，top[i]代表第 i 个栈（i=1,2）栈顶，栈 1 的底在 v[1]，栈 2 的底在 v[m]，则栈满的条件是（　　）。

  A. |top[2]-top[1]|=1　　　　B. top[1]+1=top[2]

  C. top[1]+top[2]=m　　　　　D. top[1]=top[2]

17. 若让元素 1、2、3、4、5 依次进栈，则出栈次序不可能出现在（　　）种情况。

A. 5, 4, 3, 2, 1　　　　　　　B. 2, 1, 5, 4, 3
C. 4, 3, 1, 2, 5　　　　　　　D. 2, 3, 5, 4, 1

18. 若已知一个栈的入栈序列是 1, 2, 3,…, n，其输出序列为 $p_1, p_2, p_3, …, p_n$，若 $p_1=n$，则 p_i 为（　　）。

A. i　　　　B. $n-i$　　　　C. $n-i+1$　　　　D. 不确定

19. 表达式 a*(b+c)-d 的后缀表达式是（　　）。

A. abcd*+-　　B. abc*+d-　　C. abc*+d-　　D. -+*abcd

20. 3 个不同元素依次进栈，能得到（　　）种不同的出栈序列。

A. 4　　　　B. 5　　　　C. 6　　　　D. 7

二、填空题

1. 栈是_____的线性表，其运算遵循_____的原则。队列是限制插入只能在表的一端，而删除在表的另一端进行的线性表，其运算遵循_____的原则。

2. 设有一个空栈，栈顶指示器为 1000H，现有输入序列为(1,2,3,4,5)，经过 Push、Push、Pop、Push、Pop、Push 和 Push 之后，输出序列是_____，而栈顶指针值是_____H。假设栈为顺序栈，每个元素占 2 个字节。

3. 循环队列的引入是为了克服_____。

4. 与中缀表达式 23+((12*3-2)/4+34*5/7)+108/9 等价的后缀表达式为_____。

5. 在做进栈运算时，应先判别栈是否为_____；在做退栈运算时，应先判别栈是否为_____；当栈中元素为 n 个时，做进栈运算时发生上溢，则说明该栈的最大容量为_____。为了增加内存空间的利用率和减少溢出的可能性，由两个栈共享一片连续的空间，应将两栈的_____分别设在内存空间的两端，这样只有当_____时才产生溢出。

6. 在不带头结点的链队列 Q 中，判断只有一个结点的条件是_____。

7. 若用不带头结点的单链表来表示链栈 S，则创建一个空栈所需要执行的操作是_____。

8. 无论对于顺序存储还是链式存储的栈和队列，进行插入和删除运算的时间复杂度均为_____。

9. 在顺序队列中，当队尾指示器等于数组的上界时，即使队列不满，做入队操作也会产生溢出，这种现象称为_____。

10. 设元素(1,2,3,4,5)依次入栈，若要得到输出序列 34251，则应进行的操作序列为 Push(S,1)，Push(S,2)，_____，Pop(S)，Push(S,4)，Pop(S)，_____，_____，Pop(S)，Pop(S)。

三、算法填空

下面是在带表头结点的循环链表表示的队列上，进行出队操作，并将出队元素的值保留在 x 中的函数，其中 rear 是指向队尾结点的指针。请在横线空白处填上适当的语句。

```
typedef struct node
{   int data;
    node *next;
```

```
}lklist;
void del( lklist rear, int &x);
{   lklist p,q;
    q=rear-> next;                                //q 为头结点
    if(_____)                          //第【1】空
        printf( "it is empty!\n" );
    else{
        p=q->next;
        x=p->data;
        _____ ;                        //删除首元结点，第【2】空
        if(_____) rear=q;              //第【3】空
            delete p;
    };
};
```

四、应用题

1. 将编号为 0 和 1 的两个栈存放于一个数组空间 V[m]中，栈底分别处于数组的两端。当第 0 号栈的栈顶指针 top[0]等于–1 时该栈为空，当第 1 号栈的栈顶指针 top[1]等于 m 时该栈为空。两个栈均从两端向中间增长。试编写双栈初始化、判断栈空、栈满、进栈和出栈等算法的函数。双栈数据结构的定义如下：

```
class DblStack
{   public:
    int top[2],bot[2];              //栈顶和栈底指针
    SElemType *V;                   //栈数组
    int m;                          //栈最大可容纳元素个数
};
```

2. 回文是指正读反读均相同的字符序列，如 abba 和 abdba 均是回文，但 good 不是回文。试写一个算法判定给定的字符向量是否为回文。(提示：将一半字符入栈)

3. 设从键盘输入一个整数的序列 $a_1, a_2, a_3, \ldots, a_n$，试编写算法实现：用栈结构存储输入的整数，当 $a_i \neq -1$ 时，将 a_i 进栈；当 $a_i = -1$ 时，输出栈顶整数并出栈。算法应对异常情况（进栈满等）给出相应的信息。

4. 如果允许在循环队列的两端都可以进行插入和删除操作。要求：
（1）写出循环队列的类型定义。
（2）写出"从队尾删除"和"从队头插入"的算法。

5. 试将下列递归函数改写为非递归函数。

```
void test(int& sum)
{
    int x;
    cin>>x;
    if(x==0) sum=0;
    else{test(sum); (*sum)+=x;}
    cout<<setw(5)<<sum<<endl;
}
```

6. 设计一个算法，对于输入的十进制非负整数，将其转换为 R 进制数输出（$R\in[2,26]$）。（提示：可以用'A'~'Z'代表数码，分别表示 10~35）。

7. 已知 p 为单链表的表头指针，链表中存储的都是整型数据，试写出实现下列运算的递归算法：

（1）求链表中的最大整数。

（2）求链表的结点个数。

（3）求所有整数的平均值。

第4章　串习题

一、选择题

1. 串是一种特殊的线性表，其特殊性体现在（　　）。
   A. 可以顺序存储　　　　　　　　B. 数据元素是一个字符
   C. 可以链式存储　　　　　　　　D. 数据元素可以是多个字符若

2. 关于串的叙述中，（　　）是不正确的。
   A. 串是字符的有限序列
   B. 空串是由空格构成的串
   C. 模式匹配是串的一种重要运算
   D. 串既可以采用顺序存储，也可以采用链式存储

3. 串"ababaaababaa"的 next 数组为（　　）。
   A. 012345678999　　　　　　　B. 012121111212
   C. 011234223456　　　　　　　D. 0123012322345

4. 串"ababaabab"的 nextval 为（　　）。
   A. 010104101　　B. 010102101　　C. 010100011　　D. 010101011

5. 串的长度是指（　　）。
   A. 串中所含不同字母的个数　　　B. 串中所含字符的个数
   C. 串中所含不同字符的个数　　　D. 串中所含非空格字符的个数

6. 下列关于串的叙述中，正确的是（　　）。
   A. 空串是由一个空格字符组成的串
   B. 一个串的长度至少是 1
   C. 一个串的字符个数即该串的长度
   D. 两个串 s1 和 s2 若长度相同，则这两个串相等

7. 设有两个串 s1 和 s2，求 s2 在 s1 中首次出现的位置的运算称为（　　）。
   A. 模式匹配　　B. 联接　　C. 求子串　　D. 求串长

8. （　　）为空串。
   A. s="　"　　B. s=""　　C. s=" a"　　D. s="b "

9. s1="bccadcabcadf"，s2="abc"，则 s2 在 s1 中的位置是（　　）。
   A. 7　　B. 8　　C. 6　　D. 9

10. 设 S="I_am_a_teacher"，其长度为（　　）。
    A. 11　　　　　B. 12　　　　　C. 13　　　　　D. 14

二、填空题

1. 串是一种特殊的_____，组成串的数据元素只能是_____。
2. 两个串相等的充要条件是_____。
3. 空格串是指_____，其长度等于_____。
4. 一个字符串中_____称为该串的子串。
5. INDEX('DATASTRUCTURE','STR')= _____。
6. 设正文串长度为 n，模式串长度为 m，则串匹配的 KMP 算法的时间复杂度为_____。
7. 设 T 和 P 是两个给定的串，在 T 中寻找等于 P 的子串的过程称为_____，又称 P 为_____。
8. 设串 S1='ABCDEFG',s2='PQRST'，函数 CONCAT(X,Y)返回 X 和 Y 串的连接串，SUBSTR(S,I,J)返回串 S 从序号 I 开始的 J 个字符组成的字串，LENGTH(S)返回串 S 的长度，则 CONCAT(SUBSTR(S1,2,LENGTH(S2)),SUBSTR(S1,LENGTH(S2),2))的结果串是_____。
9. 实现字符串复制的函数 strcpy( )为：

```
void strcpy(char *s , char *t)    //复制 t 到 s
{   while(_____);
}
```

10. 下列程序判断字符串 s 是否对称，对称则返回 1，否则返回 0；例如，f("abba")返回 1，f("abab")返回 0。

```
int f(_____){
    int i=0,j=0;
    while(s[j])_____;
    for(j--;i<j && s[i]==s[j];i++,j--);
    return(_____)
}
```

三、应用题

1. 用 KMP 法求出串 t='abcaabbabcab'的 next 和 nextval 函数值。
2. 设目标为 t="abcaabbabcabaacbacba"，模式为 p="abcabaa"
（1）计算模式 p 的 naxtval 函数值。
（2）不写出算法，只画出利用 KMP 算法进行模式匹配时每一趟的匹配过程。

四、算法题

1. 用顺序存储结构存储串 S，编写算法删除 S 中第 i 个字符开始的连续 j 个字符。
2. 对于采用顺序存储结构的串 S，编写一个函数删除其值等于 ch 的所有字符。

3. 编写一个算法统计在输入字符串中各个不同字符出现的频度，并将结果存入文件（字符串中的合法字符为 A～Z 这 26 个字母和 0~9 这 10 个数字）。

4. 编写一个递归算法实现字符串逆序存储，要求不另设串存储空间。

5. 编写算法，实现下面函数的功能。函数 void insert(char*s,char*t,int pos)将字符串 t 插入到字符串 s 中，插入位置为 pos。假设分配给字符串 s 的空间足够让字符串 t 插入。（说明：不得使用任何库函数）

6. 已知字符串 s1 中存放一段英文，写出算法 format(s1,s2,s3,n),将其按给定的长度 n 格式化成两端对齐的字符串 s2，多余的字符送 s3。

第5章 数组和广义表习题

一、选择题

1. 假设以行序为主序存储二维数组 $A[1..100,1..100]$，设每个数据元素占 2 个存储单元，基地址为 10，则 $LOC(A[5,5])$= (　　)。
   A. 808　　　　B. 818　　　　C. 1010　　　　D. 1020

2. 同一数组中的元素 (　　)。
   A. 长度可以不同　B. 不限　　　C. 类型相同　　D. 长度不限

3. 二维数组 A 的元素都是 6 个字符组成的串，行下标 i 的范围为 0~8，列下标 j 的范围为 1~10。从供选择的答案中选出应填入下列关于数组存储叙述中 (　　)内的正确答案。
   （1）存放 A 至少需要 (　　) 个字节。
   （2）A 的第 8 列和第 5 行共占 (　　) 个字节。
   （3）若 A 按行存放，元素 $A[8,5]$ 的起始地址与 A 按列存放时的元素 (　　) 的起始地址一致。

   供选择的答案：
   （1）A. 90　　　B. 180　　　C. 240　　　D. 270　　　E. 540
   （2）A. 108　　　B. 114　　　C. 54　　　D. 60　　　E. 150
   （3）A. A[8][5]　B. A[3][10]　C. A[5][8]　D. A[0][9]

4. 矩阵 $A[m][n]$ 和矩阵 $B[n][p]$ 相乘，其时间复杂度为 (　　)。
   A. $O(n)$　　　B. $O(m×n)$　　　C. $O(m×n×p)$　　　D. $O(n×n×n)$

5. 设二维数组 $A[1..m,1..n]$ 按行存储在数组 $B[1..m×n]$ 中，则二维数组元素 $A[i,j]$ 在一维数组 B 中的下标为 (　　)。
   A. $(i-1)×n+j$　B. $(i-1)×n+j-1$　C. $i×(j-1)$　D. $j×m+i-1$

6. 所谓稀疏矩阵指的是 (　　)。
   A. 零元素个数较多的矩阵
   B. 零元素个数占矩阵元素中总个数一半的矩阵
   C. 零元素个数远远多于非零元素个数且分布没有规律的矩阵
   D. 包含有零元素的矩阵

7. 对稀疏矩阵进行压缩存储目的是 (　　)。

A. 便于进行矩阵运算　　　　　　B. 便于输入和输出
C. 节省存储空间　　　　　　　　D. 降低运算的时间复杂度

8. 稀疏矩阵一般的压缩存储方法有两种，即（　　　）。
A. 二维数组和三维数组　　　　　B. 三元组和散列
C. 三元组和十字链表　　　　　　D. 散列和十字链表

9. 有一个 100×90 的稀疏矩阵，非 0 元素有 10 个，设每个整型数占 2 字节，则用三元组表示该矩阵时，所需的字节数是（　　　）。
A. 60　　　　B. 66　　　　C. 18 000　　　　D. 33

10. $A[N,N]$是对称矩阵，将下面三角(包括对角线)以行序存储到一维数组 $T[N(N+1)/2]$中，则对任一上三角元素 $a[i][j]$对应 $T[k]$的下标 k 是（　　　）。
A. $i(i+1)/2+j$　　B. $j(j+1)/2+i$　　C. $i(j-i)/2+1$　　D. $j(i-1)/2+1$

11. 已知广义表 $L=((x,y,z),a,(u,t,w))$，从 L 表中取出原子项 t 的运算是（　　　）。
A. head(tail(tail(L)))　　　　　　B. tail(head(head(tail(L))))
C. head(tail(head(tail(L))))　　　D. head(tail(head(tail(tail(L)))))

12. 广义表 $A=(a,b,(c,d),(e,(f,g)))$，则式 Head(Tail(Head(Tail(Tail(A)))))的值为（　　　）。
A. (g)　　　　B. (d)　　　　C. c　　　　D. d

13. 广义表$((a,b,c,d))$的表头是（　　　），表尾是（　　　）。
A. a　　　　B. ()　　　　C. (a,b,c,d)　　　　D. (b,c,d)

14. 设广义表 $L=((a,b,c))$，则 L 的长度和深度分别为（　　　）。
A. 1 和 1　　B. 1 和 3　　C. 1 和 2　　D. 2 和 3

15. 下面说法不正确的是（　　　）。
A. 广义表的表头总是一个广义表
B. 广义表的表尾总是一个广义表
C. 广义表难以用顺序存储结构
D. 广义表可以是一个多层次的结构

二、填空题

1. 数组的存储结构采用_____存储方式。

2. 二维数组 $A[10][20]$每个元素占一个存储单元，并且 $A[0][0]$的存储地址是 200，若采用行序为主方式存储，则 $A[6][12]$的地址是_____，若采用列序为主方式存储，则 $A[6][12]$的地址是_____。

3. 三维数组 $a[4][5][6]$（下标从 0 开始计，a 有 4×5×6 个元素），每个元素的长度是 2，则 $a[2][3][4]$的地址是_____。(设 $a[0][0][0]$的地址是 1000,数据以行为主方式存储)

4. n 阶对称矩阵 a 满足 $a[i][j]=a[j][i]$，$i,j=1...n$，用一维数组 t 存储时，t 的长度为_____，以行主序存储下三角，当 $i=j$ 时，$a[i][j]=t[$_____$]$。

5. 当广义表中的每个元素都是原子时，广义表便成了_____。

6. 广义表的表尾是指除第一个元素之外，_____。

7. 广义表的_____定义为广义表中括弧的重数。

8. 设广义表 L=((),()), 则 head(L)是_____; tail(L)是_____; L 的长度是_____; 深度是_____。

9. 利用广义表的 GetHead 和 GetTail 操作，从广义表 L=((apple,pear), (banana,orange))中分离出原子 banana 的函数表达式是_____。

10. 下列程序段 search(a,n,k)在数组 a 的前 n（n≥1）个元素中找出第 k（1≤k≤n）小的值。这里假设数组 a 中各元素的值都不相同。

```
#define MAXN 100
int a[MAXN],n,k;
int search(int a[],int n,int k)
{
   int low,high,i,jm,t;
   k--;low=0;high=n-1;
   do{
      i=low;j=high;t=a[low];
      do{
         while(i<j && t<a[j]) j--;
         if(i<j) a[i++]=a[j];
         while(i<j && t>=a[i]) i++;
         if(i<j) a[j--]=a[i];
      }while(i<j);
      a[i]=t;
      if ___(1)___ ;
      if(i<k)
         low=___(2)___ ;
      else
         high=___(3)___ ;
   }while( ___(4)___ );
   return(a[k]);
}
```

三、判断题

1. 数组只能适合顺序存储结构。 （ ）
2. 稀疏矩阵压缩存储后，必会失去随机存取功能。 （ ）
3. 数组是同类型值的集合。 （ ）
4. 数组可看成线性结构的一种推广，因此与线性表一样，可以对其进行插入、删除等操作。 （ ）
5. 一个 $m \times n$ 稀疏矩阵 A 采用三元组形式表示，若把三元组中有关行下标与列下标的值互换，并把 m 和 n 的值互换，则就完成了 A 的转置运算。 （ ）
6. 广义表的取表尾运算，其结果通常是个表，但有时也可是个单元素值。 （ ）
7. 若一个广义表的表头为空，则此广义表亦为空表。 （ ）
8. 广义表中的元素或者是一个不可分割的原子，或者是一个非空的广义表。 （ ）

9. 所谓取广义表的表尾就是返回广义表中最后一个元素。 (   )
10. 广义表的同级元素（直属于同一个表中的各元素）具有线性关系。 (   )
11. 一个广义表可以为其他广义表所共享。 (   )

四、简答题

1. 在以行序为主序的存储结构中，给出三维数组 $A_{2×3×4}$ 的地址计算公式（下标从 0 开始计数）。

2. 数组 A 中，每个元素 $A[i,j]$ 的长度均为 32 个二进位，行下标从 -1 到 9，列下标从 1 到 11，从首地址 S 开始连续存放主存储器中，主存储器字长为 16 位。求：
（1）存放该数组需要多少单元？
（2）存放数组第 4 列所有元素至少需要多少单元？
（3）数组按行存放时，元素 $A[7,4]$ 的起始地址是多少？
（4）数组按列存放时，元素 $A[4,7]$ 的起始地址是多少？

3. 求下面广义表的深度。
$$((((\ ),a,((b,c),(\ ),d),(((e))))$$

4. 已知题图 2-5-1 为广义表的链接存储结构，写出该图表示的广义表。

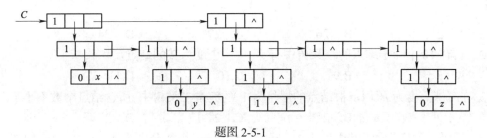

题图 2-5-1

5. 设有广义 $K_1(K_2(K_5(a,K_3(c,d,e)),K_6(b,k)),K_3,K_4(K_3,f))$，要求：
（1）指出 K_1 的各个元素及元素的构成。
（2）计算表 K_1，K_2，K_3，K_4，K_5，K_6 的长度和深度。
（3）画出 K_1 的链表存储结构。

五、算法设计题

1. 对于二维整型数组 $A[M,N]$，分别编写相应函数实现如下功能：
（1）求数组 A 四边元素之和。
（2）当 $M=N$ 时分别求两条对角线上的元素之和，否则显示 $M≠N$ 的信息。

2. 编写子程序，将一维数组 $A[N*N]$（$N≤10$）中的元素按蛇形方阵存放在二维数组 $B[N][N]$ 中，即

$B[0][0]=A[0]$；$B[0][1]=A[1]$；$B[1][0]=A[2]$；$B[2][0]=A[3]$；
$B[1][1]=A[4]$；$B[0][3]=A[6]$；

依此类推，如题图 2-5-2 所示。

$$\begin{bmatrix} A[0] & A[1] & A[5] & A[6] & \cdots \\ A[2] & A[4] & A[7] & A[13] & \cdots \\ A[3] & A[8] & A[12] & \cdots & \cdots \\ A[9] & A[11] & \cdots & \cdots & \cdots \\ A[10] & \cdots & \cdots & \cdots & \cdots \\ \cdots & \cdots & \cdots & \cdots & \cdots \end{bmatrix}$$

题图 2-5-2

3. 编写一个函数将两个广义表合并成一个广义表。合并是指元素的合并，例如，两个广义表((a,b),(c))与 (a,(e,f))合并后的结果是((a,b),(c),a,(e,f))。

第6章 树和二叉树习题

一、选择题

1. 一棵度为4的树中度为1、2、3、4的结点个数为4、3、2、1，则该树的结点总数为（ ）。
  A. 21   B. 26   C. 27   D. 24

2. 具有10个叶子结点的二叉树中有（ ）个度为2的结点。
  A. 8   B.9   C.10   D.11

3. 在一棵高度为 h（假定根结点的层号为1）的完全二叉树中,所含结点个数不小于（ ）。
  A. 2^{h-1} B. 2^{h+1} C. 2^h-1 D. 2^h

4. 设树 T 的度为4，其中度为1、2、3、4的结点个数分别为4、2、1、1，则 T 中的叶子数为（ ）。
  A. 5   B. 6   C. 7   D. 8

5. 某二叉树的先序遍历序列和后序遍历序列正好相反，则该二叉树一定是（ ）。
  A. 空树或只有一个结点   B. 完全二叉树
  C. 二叉排序树   D. 高度等于其结点数

6. 在一棵二叉树的二叉链表中，空指针域数等于非空指针域数加（ ）。
  A. 2   B. 1   C. 0   D. –1

7. 对二叉树的结点从1开始进行连续编号，要求每个结点的编号大于其左、右孩子的编号，同一结点的左右孩子中，其左孩子的编号小于其右孩子的编号，可采用（ ）遍历实现编号。
  A. 先序   B. 中序   C. 后序   D. 从根开始按层次遍历

8. 若二叉树采用二叉链表存储结构,要交换其所有分支结点左、右子树的位置,利用（ ）遍历方法最合适。
  A. 前序   B. 中序   C. 后序   D. 按层次

9. 若 X 是二叉中序线索树中一个有左孩子的结点,且 X 不为根,则 X 的前驱为（ ）。
  A. X 的双亲   B. X 的右子树中最左的结点

C. X 的左子树中最右结点　　　　D. X 的左子树中最右叶结点

10. 若 X 是二叉中序线索树中一个有右孩子的结点,且 X 不为根,则 X 的后继为(　　)。

　　A. X 的双亲　　　　　　　　B. X 的左子树中最右的结点

　　C. X 的右子树中最左结点　　　D. X 的右子树中最右叶结点

11. 引入二叉线索树的目的是(　　)。

　　A. 加快查找结点的前驱或后继的速度

　　B. 为了能在二叉树中方便地进行插入与删除

　　C. 为了能方便地找到双亲

　　D. 使二叉树的遍历结果唯一

12. 题图 2-6-1 所示的二叉树 T_2 是由森林 T_1 转换而来的二叉树,那么森林 T_1 有(　　)个叶子结点。

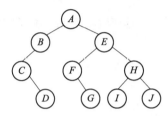

题图 2-6-1

　　A. 4　　　　　　B. 5　　　　　　C. 6　　　　　　D. 7

13. 利用二叉链表存储树时,根结点的右指针是(　　)。

　　A. 指向最左孩子　　　　　　　B. 指向最右孩子

　　C. 空　　　　　　　　　　　　D. 非空

14. 根据使用频率为 5 个字符设计的哈夫曼编码不可能是(　　)。

　　A. 111,110,10,01,00　　　　B. 000,001,010,011,1

　　C. 100,11,10,1,0　　　　　　D. 001,000,01,11,10

15. 设哈夫曼树中有 199 个结点,则该哈夫曼树中有(　　)个叶子结点。

　　A. 99　　　　　　B. 100　　　　　C. 101　　　　　D. 102

二、填空题

1. 一棵具有 257 个结点的完全二叉树,它的深度为_____。

2. 设一棵完全二叉树具有 1 000 个结点,则此完全二叉树有_____个叶子结点,有_____个度为 2 的结点,有_____个结点只有非空左子树,有_____个结点只有非空右子树。

3. 由 3 个结点所构成的二叉树有_____种形态;由 3 个结点所构成的树有_____种形态。

4. 含有 82 个结点的完全二叉树从根结点开始顺序编号,根结点为第 1 号,其他结点自上向下,同一层自左向右连续编号,则此完全二叉树有_____层,第 40 号结点的左孩子结点的编号为_____,右孩子的编号为_____。此二叉树最后一个结点的编号是_____,它是它双亲的_____(填左或者右)孩子,它的双亲结点编号是_____。

5. 假定一棵二叉树的结点个数为 18，则它的最小高度为_____，最大高度为_____。

6. 森林的先序遍历与其转换成的二叉树的_____相同，森林的中序遍历与其转换成的二叉树的_____相同。

7. 设森林 F 中有 4 棵树，第 1、2、3、4 棵树的结点个数分别为 n_1、n_2、n_3、n_4，当把森林 F 转换成一棵二叉树后，其根结点的左子树中有_____个结点，右子树中有_____个结点。

8. 由于哈夫曼树中没有度为 1 的结点，则一颗有 n 个叶子结点的哈夫曼树共有_____个结点，其中有_____个非终端结点（度为 2 的结点）。

三、应用题

1. 若已知一棵二叉树的后序序列是 FEGHDCB，中序序列是 FEBGCHD，请画出这棵二叉树。

2. 设一棵二叉树的先序序列：ABDFCEGH，中序序列：BFDAGEHC，要求完成以下小题：
（1）画出这棵二叉树。
（2）画出这棵二叉树的后序线索树。
（3）将这棵二叉树转换成对应的树（或森林）。

3. 设一棵树 T 中边的集合为 {(A,B),(A,C),(A,D),(B,E),(C,F),(C,G)}，要求完成以下小题：
（1）画出这棵树。
（2）对这棵树进行先序遍历和后序遍历。
（3）将该树转化成对应的二叉树。
（4）对转换得到二叉树进行先序和中序遍历。
（5）树的先序和后序遍历与其转换得到二叉树的先序和中序遍历次序有怎样的对应关系？

4. 假设用于通信的电文仅由 8 个字母组成，字母在电文中出现的频率分别为 0.07、0.19、0.02、0.06、0.32、0.03、0.21、0.10，试为这 8 个字母设计哈夫曼编码。使用 0～7 的二进制表示形式是另一种编码方案。对于上述实例，比较两种方案的优缺点，哈夫曼编码的平均码长是等长编码的百分之几？

四、算法设计题

1. 编写算法判别给定二叉树是否为完全二叉树。

2. 已知 q 是指向中序线索二叉树上某个结点的指针，设计算法求指向 q 的后继结点的指针。

3. 已知 q 是指向中序线索二叉树上某个结点的指针，设计算法求指向 q 的前驱结点的指针。

4. 编写递归算法，计算二叉树中叶子结点的数目。

5. 编写递归算法，求用二叉链表存储的二叉树中以元素值为 x 的结点为根的子树的深度，并求以它为根的子树深度。

6. 编写按层次顺序（同一层自左至右）遍历二叉树的算法。二叉树用二叉链表存储。

7. 编写按层次顺序（同一层自左至右）遍历树的算法 BFSTraverse(CSTree T)，树采用二叉链表存储。

第7章 图习题

一、选择题

1. 设完全无向图的顶点个数为 n，则该图有（　　）条边。
   A. $n–1$ B. $n(n–1)/2$ C. $n(n+1)/2$ D. $n(n–1)$

2. 在一个无向图中，所有顶点的度数之和等于所有边数的（　　）倍。
   A. 3   B. 2   C. 1   D. 1/2

3. 有向图的一个顶点的度为该顶点的（　　）。
   A. 入度
   B. 出度
   C. 入度与出度之和
   D. （入度+出度）/2

4. 在无向图 $G(V, E)$ 中，如果图中任意两个顶点 v_i、v_j（v_i、$v_j \in V$，$v_i \neq v_j$）都是连通的，则称该图是（　　）。
   A. 强连通图   B. 连通图   C. 非连通图   D. 非强连通图

5. 若采用邻接矩阵存储具有 n 个顶点的一个无向图，则该邻接矩阵是一个（　　）。
   A. 上三角矩阵   B. 稀疏矩阵   C. 对角矩阵   D. 对称矩阵

6. 若采用邻接矩阵存储具有 n 个顶点的一个有向图，顶点 v_i 的出度等于邻接矩阵（　　）。
   A. 第 i 列元素之和
   B. 第 i 行元素之和减去第 i 列元素之和
   C. 第 i 行元素之和
   D. 第 i 行元素之和加上第 i 列元素之和

7. 对于具有 e 条边的无向图，它的邻接表中有（　　）个边结点。
   A. $e–1$ B. e C. $2(e–1)$ D. $2e$

8. 对于含有 n 个顶点和 e 条边的无向连通图，利用普里姆算法产生最小生成树，其时间复杂性为（　　），利用克鲁斯卡尔算法产生最小生成树（假设边已经按权值递增的次序排序），其时间复杂性为（　　）。
   A. $O(n^2)$ B. $O(n*e)$ C. $O(n*\log_2 n)$ D. $O(e)$

9. 对于一个具有 n 个顶点和 e 条边的有向图，拓扑排序总的时间花费为 O（　　）。
   A. n B. $n+1$ C. $n–1$ D. $n+e$

10. 在一个带权连通图 G 中，权值最小的边一定包含在 G 的（　　）生成树中。
    A. 最小   B. 任何   C. 广度优先   D. 深度优先

二、填空题

1. 在一个具有 n 个顶点的无向完全图中，包含有_____条边；在一个具有 n 个顶点的有向完全图中，包含有_____条边。

2. 对于无向图，顶点 v_i 的度等于其邻接矩阵_____的元素之和。

3. 对于一个具有 n 个顶点和 e 条边的无向图，在其邻接表中，含有_____个边结点；对于一个具有 n 个顶点和 e 条边的有向图，在其邻接表中，含有_____个弧结点。

4. 十字链表是有向图的另一种链式存储结构，实际上是将_____和_____结合起来的一种链表。

5. 在构造最小生成树时，克鲁斯卡尔算法是一种按_____的次序选择合适的边来构造最小生成树的方法；普里姆算法是按逐个将_____的方式来构造最小生成树的另一种方法。

6. 对用邻接表表示的图进行深度优先遍历时，其时间复杂度为_____；对用邻接表表示的图进行广度优先遍历时，其时间复杂度为_____。

7. 对于一个具有 n 个顶点和 e 条边的连通图，其生成树中的顶点数为_____，边数为_____。

8. 在执行拓扑排序的过程中，当某个顶点的入度为零时，就将此顶点输出，同时将该顶点的所有后继顶点的入度减 1。为了避免重复检测顶点的入度是否为零，需要设立一个_____来存放入度为零的顶点。

三、简答题

1. 回答以下问题：
（1）有 n 个顶点的无向连通图最多需要多少条边？最少需要多少条边？
（2）表示一个具有 1 000 个顶点、1 000 条边的无向图的邻接矩阵有多少个矩阵元素？有多少非零元素？是否为稀疏矩阵？

2. 题图 2-7-1 为一有向图，按要求回答问题：
（1）写出各顶点的入度、出度和度。
（2）给出该图的邻接矩阵。
（3）给出该图的邻接表。
（4）给出该图的十字链表。

3. 题图 2-7-2 为一无向图，请按要求回答问题：
（1）画出该图的邻接表。
（2）画出该图的邻接多重表。
（3）分别写出从顶点 1 出发按深度优先搜索遍历算法得到的顶点序列和按广度优先搜索遍历算法得到的顶点序列。

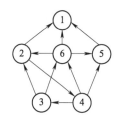
题图 2-7-1

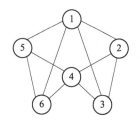
题图 2-7-2

4. 题图 2-7-3 为一带权无向图，请按要求回答问题：

(1)按普里姆算法求其最小生成树。
(2)按克鲁斯卡尔算法求其最小生成树。

5. 题图 2-7-4 是一带权有向图,试采用狄克斯特拉算法求从顶点 1 到其他各顶点的最短路径,要求给出整个计算过程。

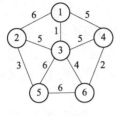

题图 2-7-3

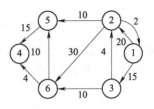

题图 2-7-4

6. 题图 2-7-5 为一个带权有向图,请按要求回答问题:
(1)给出该图的邻接矩阵。
(2)请用弗洛伊德算法求出各顶点对之间的最短路径长度,要求写出其相应的矩阵序列。

7. 对于有向无环图,请按要求回答问题:
(1)叙述求拓扑有序序列的步骤。
(2)对于题图 2-7-6 所示的有向图,写出它的四个不同的拓扑有序序列。

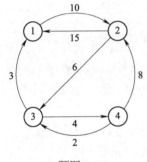

题图 2-7-5

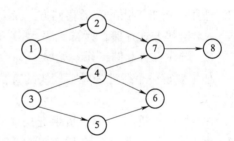

题图 2-7-6

8. 题图 2-7-7 是一个 AOE 网,请按要求回答问题:
(1)每项活动的最早开始时间和最迟开始时间。
(2)完成整个工程至少需要多少天(设弧上权值为天数)?
(3)哪些是关键活动?
(4)是否存在某些活动,当提高其速度后能使整个工期缩短?

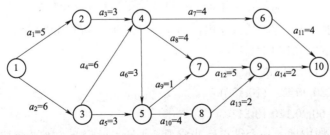

图题 2-7-7

四、算法设计题

1. 编写一个算法，判断图 G 中是否存在从顶点 v_i 到 v_j 的长度为 k 的简单路径。

2. 以邻接表作为图的存储结构，编写实现连通图 G 的深度优先搜索遍历（从顶点 v 出发）的非递归函数。

3. 给定 n 个村庄之间的交通图。若村庄 i 与村庄 j 之间有路可通，则将顶点 i 与顶点 j 之间用边连接，边上的权值 w_{ij} 表示这条道路的长度。现打算在这 n 个村庄中选定一个村庄建一所医院。试编写一个算法，求出该医院应建在哪个村庄，才能使距离医院最远的村庄到医院的路程最短。

4. 编写一个函数计算给定的有向图的邻接矩阵的每对顶点之间的最短路径。

第8章 查找习题

一、选择题

1. 对 n 个元素的表做顺序查找时，若查找每个元素的概率相同，则平均查找长度为（　　）。
   A. $(n-1)/2$　　B. $n/2$　　C. $(n+1)/2$　　D. n

2. 适用于折半查找的表的存储方式及元素排列要求为（　　）。
   A. 链接方式存储，元素无序　　　　B. 链接方式存储，元素有序
   C. 顺序方式存储，元素无序　　　　D. 顺序方式存储，元素有序

3. 如果要求一个线性表既能较快的查找，又能适应动态变化的要求，最好采用（　　）查找法。
   A. 顺序查找　　B. 折半查找　　C. 分块查找　　D. 哈希查找

4. 折半查找有序表(4,6,10,12,20,30,50,70,88,100)。若查找表中元素58，则它将依次与表中（　　）比较大小，查找结果是失败。
   A. 20，70，30，50　　　　　　　B. 30，88，70，50
   C. 20，50　　　　　　　　　　　D. 30，88，50

5. 对22个记录的有序表作折半查找，当查找失败时，至少需要比较（　　）次关键字。
   A. 3　　B. 4　　C. 5　　D. 6

6. 折半查找与二叉排序树的时间性能（　　）。
   A. 相同　　B. 完全不同　　C. 有时不相同　　D. 数量级都是 $O(\log_2 n)$

7. 分别以下列序列构造二叉排序树，与用其他三个序列所构造的结果不同的是（　　）。
   A. (100,80,90,60,120,110,130)
   B. (100,120,110,130,80,60,90)
   C. (100,60,80,90,120,110,130)
   D. (100,80,60,90,120,130,110)

8. 在平衡二叉树中插入一个结点后造成了不平衡，设最低的不平衡结点为 A，并已知 A 的左孩子的平衡因子为0，右孩子的平衡因子为1，则应做（　　）型调整以使其平衡。

A. LL B. LR C. RL D. RR

9. 下列关于 m 阶 B-树的说法，错误的是（　　）。

   A. 根结点至多有 m 棵子树

   B. 所有叶子都在同一层次上

   C. 非叶结点至少有 $m/2$（m 为偶数）或 $m/2+1$（m 为奇数）棵子树

   D. 根结点中的数据是有序的

10. 下面关于 B-和 B+树的叙述中，不正确的是（　　）。

    A. B-树和 B+树都是平衡的多叉树

    B. B-树和 B+树都可用于文件的索引结构

    C. B-树和 B+树都能有效地支持顺序检索

    D. B-树和 B+树都能有效地支持随机检索

11. m 阶 B-树是一棵（　　）。

    A. m 叉排序树 B. m 叉平衡排序树

    C. $m-1$ 叉平衡排序树 D. $m+1$ 叉平衡排序树

12. 下面关于哈希查找的说法，正确的是（　　）。

    A. 哈希函数构造得越复杂越好，因为这样随机性好，冲突小

    B. 除留余数法是所有哈希函数中最好的

    C. 不存在特别好与坏的哈希函数，要视情况而定

    D. 哈希表的平均查找长度有时也和记录总数有关

13. 下面关于哈希查找的说法，不正确的是（　　）。

    A. 采用链地址法处理冲突时，查找一个元素的时间是相同的

    B. 采用链地址法处理冲突时，若插入规定总是在链首，则插入任一个元素的时间相同

    C. 用链地址法处理冲突，不会引起二次聚集现象

    D. 用链地址法处理冲突，适合表长不确定的情况

14. 设哈希表长为 14，哈希函数是 $H(key)=key\%11$，表中已有数据的关键字为 15、38、61、84 共四个，现要将关键字为 49 的元素加到表中，用二次探测法解决冲突，则放入的位置是（　　）。

    A. 8 B. 3 C. 5 D. 9

15. 采用线性探测法处理冲突，可能要探测多个位置，在查找成功的情况下，所探测的这些位置上的关键字（　　）。

    A. 不一定都是同义词 B. 一定都是同义词

    C. 一定都不是同义词 D. 都相同

二、填空题

1. 顺序查找法的平均查找长度为_____，二分查找法的平均查找长度为_____，分块查找法(以顺序查找确定块)的平均查找长度为_____，分块查找法（以二分查找定块）的平均查找长度为_____，哈希表查找法采用链接法处理冲突时的平均查找长度为_____。

2. 在各种查找方法中,平均查找长度与结点个数 n 无关的查法方法是_____。
3. 二分查找的存储结构仅限于_____且是_____。
4. 在分块查找方法中，首先查找_____，然后再查找相应的_____。
5. 长度为 255 的表，采用分块查找法，每块的最佳长度是_____。
6. 在散列函数 $H(key)=key\%p$ 中，p 应取_____。
7. 假设在有序线性表 $A[1...20]$ 上进行二分查找，则比较一次查找成功的结点数为_____，则比较二次查找成功的结点数为_____，则比较三次查找成功的结点数为_____，则比较四次查找成功的结点数为_____，则比较五次查找成功的结点数为_____，平均查找长度为_____。
8. 对于长度为 n 的线性表,若进行顺序查找，则时间复杂度为_____，若采用二分法查找，则时间复杂度为_____。
9. 已知一个有序表为(12,18,20,25,29,32,40,62,83,90,95,98)，当二分查找值为 29 和 90 的元素时，分别需要_____次和_____次比较才能查找成功；若采用顺序查找时，分别需要_____次和_____次比较才能查找成功。
10. 假定一个数列 {25,43,62,31,48,56}，采用的散列函数为 $H(k)=k \bmod 7$，则元素 48 的同义词是_____。

三、应用题

1. 假定对有序表：(3,4,5,7,24,30,42,54,63,72,87,95)进行折半查找，试回答下列问题：
（1）画出描述折半查找过程的判定树。
（2）若查找元素 54，需要依次与哪些元素比较？
（3）若查找元素 90，需要依次与哪些元素比较？
（4）假定每个元素的查找概率相等，求查找成功时的平均查找长度。
2. 在一棵空的二叉排序树中依次插入关键字序列为 12、7、17、11、16、2、13、9、21、4，请画出所得到的二叉排序树。
3. 已知如下所示长度为 12 的表：(Jan,Feb,Mar,Apr,May,June,July,Aug,Sep,Oct, Nov,Dec)，试回答下列问题：
（1）试按表中元素的顺序依次插入一棵初始为空的二叉排序树，画出插入完成之后的二叉排序树，并求其在等概率的情况下查找成功的平均查找长度。
（2）若对表中元素先进行排序构成有序表，求在等概率的情况下对此有序表进行折半查找时查找成功的平均查找长度。
（3）按表中元素顺序构造一棵平衡二叉排序树，并求其在等概率的情况下查找成功的平均查找长度。
4. 对题图 2-8-1 所示的三阶 B-树，依次执行下列操作，画出各步操作的结果。
（1）插入 90　　（2）插入 25　　（3）插入 45　　（4）删除 60　　（5）删除 80
5. 设哈希表的地址范围为 0～17，哈希函数为 $H(key)=key\%16$。用线性探测法处理冲突，输入关键字序列(10,24,32,17,31,30,46,47,40,63,49)，构造哈希表，试回答下列问题：
（1）画出哈希表的示意图。
（2）若查找关键字 63，需要依次与哪些关键字进行比较？

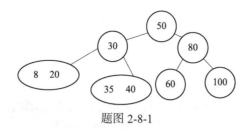

题图 2-8-1

（3）若查找关键字 60，需要依次与哪些关键字比较？

（4）假定每个关键字的查找概率相等，求查找成功时的平均查找长度。

6. 设有一组关键字(9,1,23,14,55,20,84,27)，采用哈希函数：$H(key)=key \% 7$，表长为 10，用开放地址法的二次探测法处理冲突。要求：对该关键字序列构造哈希表，并计算查找成功的平均查找长度。

7. 设哈希函数 $H(K)=3\ K\ mod\ 11$，哈希地址空间为 0～10，对关键字序列(32,13,49,24,38,21,4,12)，按线性探测法和链地址法解决冲突的方法构造哈希表，并分别求出等概率下查找成功时和查找失败时的平均查找长度。

四、算法设计题

1. 试写出折半查找的递归算法。
2. 试写一个判别给定二叉树是否为二叉排序树的算法。
3. 已知二叉排序树采用二叉链表存储结构，根结点的指针为 T，链结点的结构为(lchild,data,rchild)，其中 lchild, rchild 分别指向该结点左、右孩子的指针，data 域存放结点的数据信息。请写出递归算法，从小到大输出二叉排序树中所有数据值≥x 的结点的数据。要求先找到第一个满足条件的结点后，再依次输出其他满足条件的结点。
4. 已知二叉树 T 的结点形式为(llink,data,count,rlink)，在树中查找值为 x 的结点，若找到，则计数（count）加 1，否则，作为一个新结点插入树中，插入后仍为二叉排序树，写出其非递归算法。
5. 假设一棵平衡二叉树的每个结点都表明了平衡因子 b，试设计一个算法，求平衡二叉树的高度。
6. 分别写出在散列表中插入和删除关键字为 data 的一个记录的算法，设散列函数为 hash，解决冲突的方法为链地址法。

第 9 章　排序习题

一、选择题

1. 在所有排序方法中，关键字比较的次数与记录的初始排列次序无关的是（　　）。
   A. 希尔排序　　B. 冒泡排序　　C. 插入排序　　D. 选择排序
2. 设有 1 000 个无序的记录，希望用最快的速度挑选出其中前 10 个最大的记录，最好选用（　　）排序法。
   A. 冒泡排序　　B. 快速排序　　C. 堆排序　　D. 基数排序

3. 在待排序的记录序列基本有序的前提下，效率最高的排序方法是（　　）。
   A. 插入排序　　　B. 选择排序　　　C. 快速排序　　　D. 归并排序
4. 不稳定的排序方法是指在排序中，关键字值相等的不同记录的前后相对位置（　　）。
   A. 保持不变　　　B. 保持相反　　　C. 不定　　　D. 无关
5. 内部排序是指在排序的整个过程中，全部数据都在计算机的（　　）中完成的排序。
   A. 内存储器　　　　　　　　　　B. 外存储器
   C. 内存储器和外存储器　　　　　D. 寄存器
6. 用冒泡排序的方法对 n 个数据进行排序，第一趟共比较（　　）对记录。
   A. 1　　　　B. 2　　　　C. $n-1$　　　　D. n
7. 直接插入排序的方法是从第（　　）个记录开始，插入前边适当位置的排序方法。
   A. 1　　　　B. 2　　　　C. 3　　　　D. n
8. 用堆排序的方法对，n 个数据进行排序，首先将 n 个记录分成（　　）组。
   A. 1　　　　B. 2　　　　C. $n-1$　　　　D. n
9. 归并排序的方法对 n 个数据进行排序，首先将 n 个记录分成（　　）组，两两归并。
   A. 1　　　　B. 2　　　　C. $n-1$　　　　D. n
10. 直接插入排序的方法要求被排序的数据（　　）存储。
    A. 必须是顺序　　B. 必须是链表　　C. 顺序或链表　　D. 二叉树
11. 冒泡排序的方法要求被排序的数据（　　）存储。
    A. 必须是顺序　　B. 必须是链表　　C. 顺序或链表　　D. 二叉树
12. 快速排序的方法要求被排序的数据（　　）存储。
    A. 必须是顺序　　B. 必须是链表　　C. 顺序或链表　　D. 二叉树
13. 排序方法中，从未排序序列中依次取出记录与已排序序列（初始时为空）中的记录进行比较，将其放入已排序序列的正确位置上的方法，称为（　　）。
    A. 希尔排序　　　B. 冒泡排序　　　C. 插入排序　　　D. 选择排序
14. 每次把待排序的记录划分为左、右两个子序列，其中左序列中记录的关键字均小于等于基准记录的关键字，右序列中记录的关键字均大于基准记录的关键字，则此排序方法称为（　　）。
    A. 堆排序　　　　B. 快速排序　　　C. 冒泡排序　　　D. Shell 排序
15. 排序方法中，从未排序序列中挑选记录，并将其依次放入已排序序列（初始时为空）的一端的方法，称为（　　）。
    A. 希尔排序　　　B. 归并排序　　　C. 插入排序　　　D. 选择排序
16. 用某种排序方法对线性表(25,84,21,47,15,27,68,35,20)进行排序时，记录序列的变化情况如下：
    （1）(25,84,21,47,15,27,68,35,20)　　（2）(20,15,21,25,47,27,68,35,84)
    （3）(15,20,21,25,35,27,47,68,84)　　（4）(15,20,21,25,27,35,47,68,84)
    则所采用的排序方法是（　　）。
    A. 选择排序　　　B. 希尔排序　　　C. 归并排序　　　D. 快速排序
17. 一组记录的关键字为(25,50,15,35,80,85,20,40,36,70)，其中含有 5 个长度为 2 的有序表，用归并排序方法对该序列进行一趟归并后的结果为（　　）。
    A. (15,25,35,50,20,40,80,85,36,70)　　B. (15,25,35,50,80,20,85,40,70,36)

C. (15,25,50,35,80,85,20,36,40,70)　　D. (15,25,35,50,80,20,36,40,70,85)

18. n 个记录的直接插入排序所需记录关键码的最大比较次数为（　　）。

　　A. $n\log_2 n$　　B. $n^2/2$　　C. $(n+2)(n-1)/2$　　D. $n-1$

19. n 个记录的直接插入排序所需的记录最小移动次数为（　　）。

　　A. $2(n-1)$　　B. $n^2/2$　　C. $(n+3)(n-2)/2$　　D. 2^n

20. 对以下关键字序列用快速排序法进行排序，（　　）的情况排序最慢。

　　A. {19,23,3,15,7,21,28}　　　　B. {23,21,28,15,19,3,7}
　　C. {19,7,15,28,23,21,3}　　　　D. {3,7,15,19,21,23,28}

21. 快速排序在（　　）情况下最不利于发挥其长处，在（　　）情况下最易发挥其长处。

　　A. 被排序的数据量很大
　　B. 被排序的数据已基本有序
　　C. 被排序的数据完全无序
　　D. 被排序的数据中最大的值与最小值相差不大
　　E. 要排序的数据中含有多个相同值

22. 一组记录的关键字为(45,80,55,40,42,85)，则利用快速排序的方法，以第一个记录为基准得到一次划分结果是（　　）。

　　A. (40,42,45,55,80,85)　　　　B. (42,40,45,80,55,85)
　　C. (42,40,45,55,80,85)　　　　D. (42,40,45,85,55,80)

23. 对 n 个记录的线性表进行快速排序，为减少算法的递归深度，以下叙述正确的是（　　）。

　　A. 每次分区后，先处理较短的部分
　　B. 每次分区后，先处理较长的部分
　　C. 与算法每次分区后的处理顺序无关
　　D. 以上都不对

24. 直接插入排序和冒泡排序的平均时间复杂度为（正序），则时间复杂度为（　　）。

　　A. $O(n)$　　B. $O(\log_2 n)$　　C. $O(n\log_2 n)$　　D. $O(n^2)$

25. 一组记录的关键字为(45,80,55,40,42,85)，则利用堆排序的方法建立的初始堆为（　　）。

　　A. (80, 45, 55, 40, 42, 85)　　　B. (85, 80, 55, 40, 42, 45)
　　C. (85, 80, 55, 45, 42, 40)　　　D. (85, 55, 80, 42, 45, 40)

26. 下列序列中是堆的有（　　）。

　　A. (12, 70, 33, 65, 24, 56, 48, 92, 86, 33)
　　B. (100, 86, 48, 73, 35, 39, 42, 57, 66, 21)
　　C. (103, 56, 97, 33, 66, 23, 42, 52, 30, 12)
　　D. (5, 56, 20, 23, 40, 38, 29, 61, 35, 76)

27. 设有 1 000 个无序的记录，希望用最快的速度挑选出前 20 个最大的记录，最好选用（　　）算法。

　　A. 冒泡排序　　B. 归并排序　　C. 堆排序　　D. 基数排序

28. 下列排序算法中，（　　）算法会出现下面情况：在最后一趟结束之前，所有记录不在其最终的位置上。

　　A. 堆排序　　B. 冒泡排序　　C. 快速排序　　D. 插入排序

29. 在含有 n 个记录的小根堆（堆顶记录最小）中，关键字最大的记录可能存储在（ ）位置。

    A. $n/2$ B. $n/2-2$ C. 1   D. $n/2+3$

30. 已知数据表 A 中每个记录距其最终位置不远，则采用（ ）排序算法最省时间。

    A. 堆排序   B. 插入排序

    C. 直接选择排序   D. 快速排序

31. 下列排序算法中，某一趟(轮)结束后未必能选出一个记录放在其最终位置上的是（ ）。

    A. 堆排序   B. 冒泡排序

    C. 直接插入排序   D. 快速排序

32. 已知待排序的 n 个记录可分为 n/k 个组，每个组包含 k 个记录，且任一组内的各记录均分别大于前一组内的所有记录并小于后一组内的所有记录，若采用基于比较的排序，其时间下界应为（ ）。

    A. $O(n\log_2 n)$ B. $O(n\log_2 k)$ C. $O(k\log_2 n)$ D. $O(k\log_2 k)$

33. 若要尽可能地完成对实数数组的排序，且要求排序是稳定的，则应选（ ）。

    A. 快速排序   B. 堆排序   C. 归并排序   D. 基数排序

34. 在含有 n 个记录的大根堆（堆顶记录最大）中，关键字最小的记录可能存储在（ ）位置。

    A. $n/2$ B. $n/2-1$ C. 1   D. $n/2+1$

35. 对任意的 7 个关键字进行排序，至少要进行（ ）次关键字之间的两两比较。

    A. 13   B. 14   C. 15   D. 16

二、填空题

1. 排序是将一组任意排列的记录按_____的值从小到大或从大到小重新排列成有序的序列。

2. 在排序前，关键字值相等的不同记录间的前后相对位置保持_____的排序方法称为稳定的排序方法。

3. 在排序前，关键字值相等的不同记录间的前后相对位置_____的排序方法称为不稳定的排序方法。

4. 外部排序是指在排序前被排序的全部数据都存储在计算机的_____存储器中。

5. 写出 3 种不稳定的排序方法的名称_____。

6. 在直接插入排序的方法中，当需要将第 f 个数据插入时，此时前 $i-1$ 个数据是_____的。

7. 对一个基本有序的数据进行排序，_____排序方法运算次数最小。

8. 在对一组记录(54,38,96,23,15,72,60,45,83)进行直接插入排序时，当把第 7 个记录 60 插入到有序表时，为寻找插入位置需要比较_____次。

9. 在利用快速排序方法对一组记录(54,38,96,23,15,72,60,45,83)进行快速排序时，递归调用而使用的栈所能达到最大深度为_____，共递归调用的次数为_____，其中第二次递归调用是对_____组进行快速排序。

10. 在堆排序、快速排序和归并排序中，若只从存储空间考虑，则应首先选取_____方法，其次选取_____，最后选取_____方法；若只从排序结果的稳定性考虑，则应选取

_____；若只从平均情况下排序最快考虑，则应选取_____；若只从最坏情况下排序最快并且要节省内存考虑，则应选取_____方法。

11. 在堆排序和快速排序中，若原始记录接近正序或反序，则选用_____，若原始记录无序，则最好选用_____。

12. 在考虑如何选择排序中，若初始数据基本正序，则选用_____；若初始数据基本反序，则选用_____。

13. 对 n 个记录的序列进行冒泡排序时，最少的比较次数是_____。

三、简答题

1. 已知序列：{17,18,60,40,7,32,73,65,85}，请给出采用冒泡排序法对该序列作升序排序的每一趟结果。

2. 已知序列：{503,87,512,61,908,170,897,275,653,462}，请给出采用快速排序法对该序列做升序排序时的每一趟的结果。

3. 已知序列：{503,87,512,61,908,170,897,275,653462}，请给出采用基数排序法对该序列作升序排序时的每一趟的结果。

4. 已知序列：{503,17,512,908,170,897,275,653,426,154,509,612,677,765,703,941}，请给出采用希尔排序法 (D1=8)对该序列作升序排序时的每一趟的结果。

5. 已知序列：{70,83,100,65,10,32,7,9}，请给出采用插入排序法对该序列做升序排序时每一趟的结果。

6. 已知序列：{10,18,4,3,6,12,1,9,18,8}，请给出采用希尔排序法对该序列作升序排序时的每一趟的结果。

四、算法设计题

1. 编写一个对给定的环形双向链表进行简单插入排序的函数。
2. 编写一个下沉式"冒泡"函数。
3. 编写一个对给定环形双向链表进行简单选择排序的函数。
4. 如果把堆定义成：一种拟满树且每个结点的值既小于左孩子又小于右孩子，请写一函数建立一个初始堆。
5. 设计一个函数修改冒泡排序过程以实现双向冒泡排序。
6. 已知奇偶转换排序如下所述：第 1 趟对所有奇数的 i，将 $a[i]$ 和 $a[i+1]$ 进行比较，第 2 趟对所有偶数的 i，将 $a[i]$ 和 $a[i+1]$ 进行比较，每次比较时若 $s[i]>s[i+1]$,则将二者交换，以后重复上述两趟过程交换进行，直至整个数组有序。
（1）试问排序结束的条件是什么？
（2）编写结果实现上述排序过程的算法。
7. 采用单链表作存储结构，编写一个采用选择排序方法进行升序排序的函数。
8. 利用一维数组 A 可以对 n 个整数进行排序。其中一种排序的算法的处理思想是：将 n 个整数分别作为数组 A 的 n 个记录的值，每次（即第 i 次）从记录 $A[i]$-$A[n]$ 中挑选出最小的一个记录 $A[k](i≤k≤n)$,然后将 $A[n]$ 与 $A[i]$ 换位。这样反复 n 次完成排序。编写实现上述算法的函数。

二、习题参考答案

习题参考答案以电子档形式提供，请您扫描下方二维码查看，或在中国铁道出版社有限公司的教学资源平台站（http://www.tdpresscom/5leds/）下载。

习题参考答案

第三部分

模拟试题与参考答案

一、模拟试题

模拟试题一

一、选择题（20分，每个小题2分）

1. 组成数据的基本单位是（　　）。
   A. 数据项　　　　B. 数据类型　　　C. 数据元素　　　D. 数据变量
2. 线性表的链接实现有利于（　　）运算。
   A. 插入　　　　　B. 读表元　　　　C. 查找　　　　　D. 定位
3. 串的逻辑结构与（　　）的逻辑结构不同。
   A. 线性表　　　　B. 栈　　　　　　C. 队列　　　　　D. 树
4. 二叉树第 i（$i \geq 1$）层最多有（　　）个结点。
   A. 2^i　　　　　B. $2i$　　　　　C. 2^{i-1}　　　　D. 2^i-1
5. 设单链表中指针 p 指向结点 A，若要删除 A 之后的结点（若存在），则修改指针的操作为（　　）。
   A. p–>next=p–>next–>next　　　　　B. p=p–>next
   C. p=p–>next–>next　　　　　　　　D. p–>next=p
6. 设一数列的输入顺序为1、2、3、4、5、6，通过栈操作不可能排成的输出序列为（　　）。
   A. 3、2、5、6、4、1
   B. 1、5、4、6、2、3
   C. 2、4、3、5、1、6
   D. 4、5、3、6、2、1
7. 设字符串 S1='ABCDEFG'，S2='PQRST'，则运算 S=Concat(Sub(S1, 2, Length(S2))、Sub(S1,Length(S2),2))后结果为（　　）。
   A. 'BCQR'　　　B. 'BCDEF'　　　C. 'BCDEFG'　　　D. 'BCDEFEF'
8. 设有一个10阶的对称矩阵 A，采用压缩存储方式，以行序为主存储，a_{11} 为第1个元素，其存储地址为1，每个元素占用1个地址空间，则 a_{85} 的地址为（　　）
   A. 13　　　　　B. 33　　　　　C. 18　　　　　D. 40
9. 如果树 T 的结点 A 有3个兄弟，且 B 为 A 的双亲，则 B 的度为（　　）。
   A. 3　　　　　　B. 4　　　　　　C. 5　　　　　　D. 1
10. 线索化二叉树中某结点 D，没有左孩子的主要条件是（　　）。
    A. D–>Lchild=NULL　　　　　B. D–>ltag=1
    C. D–>Rchild=NULL　　　　　D. D–>ltag=0

二、填空题（每空 2 分，共 22 分）

1. 对于一个以顺序实现的循环队列 Q[0,1,...,m–1]，队首、队尾指针分别为 f 和 r，其判空的条件是_____，判满的条件是_____。
2. 循环链表的主要优点是_____。
3. 给定一个整数集合{3,5,6,9,12}，画出其对应的一棵哈夫曼树_____。
4. 在双向循环链表中，在指针 p 所指的结点之后插入指针 f 所指的结点，其操作为_____。
5. 一个 $n\times n$ 的对称矩阵，如果以行或列为主序压缩存入内存，则其容量为_____。
6. 设 F 是森林，B 是由 F 转换得到的二叉树，F 中有 n 个非终端结点，B 中右指针域为空的结点有_____。
7. 前序序列和中序序列相同的二叉树为_____。
8. 已知一棵二叉树的中序遍历结果为 *DBHEAFICG*，后序遍历结果为 *DHEBIFGCA*，画出该二叉树_____。
9. 设有向图有 n 个顶点和 e 条边，采用邻接表作为其存储表示，在进行拓扑排序时，总的计算时间为_____。
10. 如果将 n 个关键字按其值递增的顺序依次将关键码值插入到二叉排序树中，假设每个结点的查找概率相同，则对这样的二叉排序树检索时，平均比较次数是_____。

三、应用题（16 分）

1. 设二叉树的顺序存储结构如下所示：（共 4 分）

1	2	3	4	5	6	7	8	9	10	11	12	13	14	15	16	17	18	19	20
E	A	F	^	D	^	H	^	^	C	^	^	^	G	I	^	^	^	^	B

（1）根据其存储结构，画出二叉树。
（2）写出按前序、中序、后序遍历该二叉树所得的结点序列。
（3）画出二叉树的后序线索化树。
2. 一棵完全二叉树共有 21 个结点，现顺序存放在一个数组中，数组的下标正好为结点的序号，试问序号为 12 的双亲结点存在吗？为什么？试问序号为 12 的左孩子结点存在吗？为什么？（4 分）
3. 线性表有顺序表和链表两种存储结构，简述各自的优缺点。（4 分）
4. 何谓队列的"假溢"现象？如何解决？（4 分）

四、算法设计（38 分）

1. 试写出求二叉树结点数目的算法。（13 分）
2. 设 $a=(a_1, a_2,..., a_m)$ 和 $b=(b_1, b_2,..., b_n)$ 是两个循环链表，写出将这两个表合并为循环链表 c 的算法。（15 分）

$$c = \begin{cases} (a_1, b_1, a_2, b_2, \cdots, a_m, b_m, b_{m+1}, \cdots, b_n) &, m \leqslant n \\ (a_1, b_1, a_2, b_2, \cdots, a_n, b_n, a_{n+1}, \cdots, a_m) &, m > n \end{cases}$$

3. 已知一个单链表中每个结点存放一个整数，并且其结点数不少于 2。试编写算法以判断该链表中从第 2 项起的每个元素值是否等于其序号的平方减去其前驱结点的值，若满足，返回 true，否则返回 false。（10 分）

模拟试题二

一、选择题（20 分，每小题 2 分）

1. 数据结构这门课程研究的内容包括数据的（　　）、数据的（　　）和数据的运算这三个方面的内容。
   A. 理想结构、存储结构　　　　B. 理想结构、逻辑结构
   C. 逻辑结构、存储结构　　　　D. 抽象结构、逻辑结构

2. 线性表采用链式存储时，其地址（　　）。
   A. 必须是连续的　　　　　　　B. 部分地址必须是连续的
   C. 一定是不连续的　　　　　　D. 连续与否均可以

3. 设循环队列 $Q[1,2,\ldots,n-1]$ 的首尾指针为 f 和 r，当插入元素时尾指针 r 加 1，首指针 f 总是指在队列中第 1 个元素的前一个位置，则队列中元素计数为（　　）。
   A. r−f　　　　　　　　　　　B. n− (r−f)
   C. (r−f+n)%n　　　　　　　D. (f−r+n)%n

4. 完成堆排序的全过程需要（　　）个记录大小的辅助空间。
   A. 1　　　　B. n　　　　C. $n\log_2 n$　　　　D. $\lfloor n\log_2 n \rfloor$

5. 若给定的关键字集合为 {20，15，14，18，21，36，40，10}，以第一个键值为枢轴，一趟快速排序结束时，键值的排列为（　　）。
   A. 10、15、14、18、20、36、40、21
   B. 10、15、14、18、20、40、36、21
   C. 10、15、14、20、18、40、36、21
   D. 15、10、14、18、20、36、40、21

6. 有一棵二叉树如题图 1，该树是（　　）。
   A. 二叉平衡树　　B. 二叉排序树　　C. 堆的形状　　D. 以上都不是

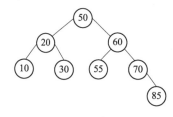

题图 1

7. 对于含有 n 个顶点 e 条边的无向连通图，利用 Prim 算法生成最小代价生成树，其时间复杂度为（　　），利用 Kruska 算法的时间复杂度为（　　）。
   A. $O(1\log_2 n)$　　B. $O(n^2)$　　C. $O(n*e)$　　D. $O(e\log_2 e)$

8. 具有 n 个顶点的完全有向图的边数为（　　）。
   A. $n(n-1)/2$　　B. $n(n-1)$　　C. n^2　　D. n^2-1

9. 设有 100 个元素，用折半查找时，最大比较次数为（　　），最小比较次数为（　　）。
   A. 25　　B. 7　　C. 10　　D. 1

10. 在内部排序中，排序时不稳定的有（　　）。
    A. 插入排序　　B. 冒泡排序　　C. 快速排序　　D. 归并排序

二、填空题（22 分，每空 2 分）

1. 具有 64 个结点的完全二叉树的深度为_____。
2. 有向图 G 用邻接矩阵 A{1...n, 1...n}存储，其第 i 列的所有元素之和等于顶点 i 的_____。
3. 设有一空栈，栈顶指针为 1000H（十六进制），现有输入序列为 1、2、3、4、5，经过 Push、Push、Pop、Push、Pop、Push、Push 操作后，输出序列为_____。
4. 线索化二叉树中某结点 D，其没有左孩子的主要条件是_____。
5. 模式中"ababbabbab"的前缀函数为_____。
6. 设无向图 G 的顶点数为 n，边数为 e，第 i 个顶点的度数为 $D(v_i)$，则 $e=$ _____（即边数与各顶点的度数之间的关系）。
7. 按_____遍历二叉排序树，可以得到按值递增的关键值序列，在题图 1 中所示的二叉排序树中，检索关键值 85 的过程中，需要与 85 进行比较的关键字序列为_____。
8. 下列算法实现二叉树排序树上的查找，请在空格处填上适当的语句，完成上述功能。

```
template<class ElemType>
BiTNode<ElemType> *bstsearch(BiTNode<ElemType> *t,ElemType k)
{
   if(t==NULL)
       return NULL;
   else
       while(t!=NULL)
         {
         if(t->key==k) _____;
         else if(t->key>k) _____;
             else _____;
         }
}
```

三、应用题（28 分）

1. 设散列表的地址空间为 0~16;，开始时散列表为空，用线性探测开放地址法处理冲突，对于关键字序列 Jan、Feb、Mar、Jun、Aug、Sep、Oct、Nov、Dec，试构造其对应的散列表，

$H(\text{key}) = \lfloor i/2 \rfloor$，其中 i 为关键字中第一个字母在字母表中的序号。请完成以下小题：（共 10 分）

（1）画出哈希表。（4 分）

（2）查找 Nov 需要依次和哪些关键字比较？（2 分）

（3）计算查找成功情况下的平均查找长度 ASL。（4 分）

2. 设有 5 000 个无序的元素，希望用最快的速度挑选出其中前 10 个最大的元素，在快速排序、堆排序和基数排序方法中，采用哪种方法最好？为什么？（8 分）

3. 对于题图 2 的无向带权图：（共 10 分）

（1）给它的邻接矩阵，并按普里姆算法求其最小生成树。（5 分）

（2）按克鲁斯卡尔算法求其最小生成树，并计算最小代价。（5 分）

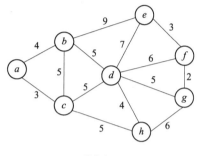

题图 2

四、算法设计（30 分，每小题 10 分）

1. 有一个带首结点的单链表，编写在值为 x 的结点之后插入 m 个结点的算法。
2. 设计一个算法，求出指定结点在给定的二叉排序树中所在的层次。
3. 设计一个算法，建立无向图（n 个顶点，e 条边）的邻接表。

模拟试题三

一、选择题（30 分，每小题 2 分）

1. 下列程序的时间复杂度为（　　）。

```
for(i=0;i<m;i++)
    for(j=0;j<t;j++)
        for(k=0;k<n;k++)
            c[i][j]=c[i][j]+a[i][k]b[k][j];
```

　　A. $O(m \times n \times t)$　　B. $O(m+n+t)$　　C. $O(m+n \times t)$　　D. $O(m \times t+n)$

2. 从一个长度为 n 的顺序表中删除第 i 个元素（$1 \leq i \leq n$），需要向前移动（　　）个元素。

　　A. $n-i$　　B. $n-i+1$　　C. $n-i-1$　　D. i

3. 在一个具有 n 个结点的单链表中查找其值等于 c 的结点，在查找成功的情况下平均需要比较（　　）个结点。

  A. $n/2$　　　　B. n　　　　C. $(n+1)/2$　　　　D. $(n-1)/2$

4. 对一个具有 n 个元素的线性表，建立其有序单链表的时间复杂度为（　　）。

  A. $O(n)$　　　　B. $O(1)$　　　　C. $O(n^2)$　　　　D. $O(1og_2n)$

5. 在双向循环链表中，在 p 所指的结点之后插入 s 指针所指的结点，其操作是（　　）。

  A. p->next=s; s-> prior=p; p->next->prior=s; s->next=p->next;

  B. s->prior=p; s->next=p->next; p-next=s; p->next->prior=s;

  C. p->next=s; p->next->prior=s; s->prior=p; s->next=p->next;

  D. s->prior=p; s->next=p->next; p->next->prior=s; p->next=s;

6. 串的长度是（　　）。

  A. 串中不同字符的个数　　　　B. 串中不同字母的个数

  C. 串中所含字符的个数 n（$n>0$）　　　　D. 串中所含字符的个数 $n(n≥0)$

7. 若有一个输入序列是 $1, 2,…, n$，输出序列的第一个元素是 n，则第 i 个输出元素是（　　）。

  A. $n-i$　　　　B. $n-i-1$　　　　C. $n-i+1$　　　　D. 不确定

8. 设有一个栈，元素的进栈次序为 A，B，C，D，E，下列（　　）是不可能的出栈序列。

  A. A、B、C、D、E　　　　B、B、C、D、E、A

  C. E、A、B、C、D　　　　D、E、D、C、B、A

9. 在一棵度为 3 的树中，度为 3 的结点数有 2 个，度为 2 的结点数有 1 个，度为 1 的结点数有 2 个，那么度为 0 的结点数有（　　）个。

  A. 4　　　　B. 5　　　　C. 6　　　　D. 7

10. 在一个具有 n 个结点的无向完全图中，包含有（　　）条边。

  A. $n(n-1)/2$　　　　B. $n(n-1)$　　　　C. $n(n+1)/2$　　　　D. $n×n$

11. 利用二叉链表存储树，则根结点的右指针是（　　）。

  A. 指向最左孩子　　　　B. 指向最右孩子

  C. 空　　　　D. 非空

12. 已知一个有序表为(13,18,24,35,47,50,62,83,90,115,134)，当二分查找值为 90 的元素时，需（　　）次比较可查找成功。

  A. 1　　　　B. 2　　　　C. 3　　　　D. 4

13. 在顺序存储的线性表 $R[0..29]$ 上进行顺序查找的平均查找长度为（ ① ）；进行二分查找的平均查找长度为（　　），进行分块查找（设分为 5 块）的平均查始长度为（　　）。

  ① A. 15　　　　B. 15.5　　　　C. 16　　　　D. 20

  ② A. 4　　　　B. 62/15　　　　C. 64/15　　　　D. 25/6

  ③ A. 6　　　　B. 11　　　　C. 5　　　　D. 6.5

14. 在所有排序方法中，关键字的比较次数与记录的初始排列无关的是（　　）。

  A. Shell 排序　　　　B. 冒泡排序

  C. 直接插入排序　　　　D. 直接选择排序

15. 已知 8 个元素(34,76,45,18,26,54,92,65)，按照依次插入结点的方法生成一棵二叉排序树，该树的深度为（　　）。

  A. 1　　　　B. 2　　　　C. 5　　　　D. 4

二、填空题（22 分，前 4 题每空 2 分，第 5 题每空 1 分）

1. 若要在一个单链表的*p 结点之前插入一个*s 结点时，可执行下列操作：s->next=_____; p->next=s; t=p->data; p->data=_____; s->data=_____。

2. 计算机软件系统中有两种处理字符串长度的方法，一种是采用_____，另一种是_____。

3. 假定对线性表 $R[0..59]$ 进行分块查找，共分 10 块，每块长度等于 6。若假定查找索引表和块均用顺序查找法，则查找每一个元素的平均查找时间为_____。

4. 对一组记录(50,40,95,20,15,70,60,45,80)进行冒泡排序时，第一趟需要进行相邻记录的交换次数为_____，在整个排序过程中共需要进行_____趟才可以完成。

5. 在堆排序、快速排序和归并排序中，若从节省存储空间角度考虑，则应首先选取_____方法，其次选_____方法，最后选取_____方法；若从排序结构的稳定性考虑，则应选择_____方法；若只从平均情况下排序的速度来考虑，则选择_____方法；若只从最坏情况下排序最快并且要节省内存考虑，则应该取_____方法。

三、判断题（10 分，每小题 1 分）

1. 数据元素是数据的最小单元。   (   )
2. 在单链表中任何两个元素的存储位置之间都有固定的联系，因此可以从首结点进行查找任何一个元素。   (   )
3. 设有两个串 p 和 q，其中 q 是 p 的子串，把 q 在 p 中首次出现的位置作为 q 在 p 中的位置的算法称为匹配。   (   )
4. 若有一个叶子结点是某子树的中序遍历的最后一个结点，则它必须是该子树的前序遍历的最后一个结点。   (   )
5. 对于 n 个记录的集合进行冒泡排序，在最坏情况下的时间复杂度是 $O(n^2)$。   (   )
6. 用邻接矩阵法存储一个图时，在不考虑压缩存储的情况下，所占用的存储空间与图中结点的个数有关，而与图的边数无关。   (   )
7. 哈希表的查找效率主要取决于哈希建表时所选取的哈希函数和处理冲突的方法。(   )
8. 因为算法和程序没有区别，所以在数据结构中二考是通用的。   (   )
9. 按中序遍历一棵二叉排序树所得到的中序遍历序列是一个递增序列。   (   )
10. 进栈操作 push(x)作用于链栈时，无须判满。   (   )

四、应用题（20 分）

1. 已知一个长度为 12 的表(Jan,Feb,Mar,Apr,May,June,July,Aug,Sep,Oct,Nov,Dec)。（共 5 分）

（1）试按表中元素的次序依次插入一棵初始为空的二叉排序树，字符之间以字典顺序比较大小，并画出对应的二叉排序树，且求出在等概率情况下查找成功的平均查找长度。(3 分)

（2）若对表中元素先排序构成有序表，试求在等概率情况下对此有序表进行折半查找成功的平均查找长度。(2 分)

2. 已知一棵二叉树的中序序列和后序序列分别为 *BDCEAFHG* 和 *DECBHGFA*，画出这棵二叉树。（5分）

3. 假设用于通信的电文仅由8个字母组成，字母在电文中出现的频率分别为 7、19、2、6、32、3、21、10，试为这8个字母设计哈夫曼编码。（5分）

4. 已知如下关键字的序列：
{50,18,12,61,8,87,25}，
{87,61,50,25,8,17,12,18}，
{12,32,25,56,87,60,36,68}，
{13,38,27,49,76,65,49,97}。
以上序列哪个不是堆，请把它调整为堆，给出建立初始堆的过程。（5分）

五、算法设计（共18分）

1. 已知线性表的元素按递增顺序排列，并以带首结点的单链表作为存储结构。试编写一个删除表中所有值大于 min 且小于 max 的元素的算法。（4分）

2. 试设计一个算法，求出指定结点在给定的二叉树中的层次。（4分）

3. 在含有 *n* 个元素的堆中增加一个元素，且调整为堆。（5分）

4. 试设计将数组 *A*[0,...,*N*–1]中所有奇数移到所有偶数之前的算法，要求不另外增加存储空间，且时间复杂度为 $O(n)$。（5分）

模拟试题四

一、选择题（每小题1分，共8分）

1. 设一数列的顺序为 1、2、3、4、5，通过栈结构不可能排成的顺序数列为（   ）。
   A. 3, 2, 5, 4, 1   B. 1, 5, 4, 2, 3
   C. 2, 4, 3, 5, 1   D. 4, 5, 3, 2, 1

2. 二叉树的第3层至多有（   ）个结点。
   A. 4   B. 1   C. 2   D. 3

3. 一个 *n* 个顶点的连通无向图，其边的个数至少为（   ）。
   A. *n*–1   B. *n*   C. *n*+1   D. *n*log*n*

4. 下列排序方法中，（   ）的比较次数与记录的初始排列状态无关。
   A. 直接插入排序   B. 起泡排序
   C. 快速排序   D. 直接选择排序

5. 一棵哈夫曼树总共有11个结点，则叶子结点有（   ）个。
   A. 5   B. 6   C. 7   D. 9

6. 已知某算法的执行时间为 $(n+n^2)+\log_2(n+2)$，*n* 为问题规模，则该算法的时间复杂度是（   ）。
   A. $O(n)$ B. $O(n^2)$ C. $O(\log_2 n)$ D. $O(n\log_2 n)$

7. 如果一棵树有10个叶子结点，则该树总共至少有（　　）个结点。
   A. 10　　　　　　B. 11　　　　　　C. 19　　　　　　D. 21
8. 一个 100×100 的三角矩阵 a 采用行优先压缩存储后，如果首元素 a[0][0]是第一个元素，那么 a[4][2]是第（　　）个元素。
   A. 403　　　　　B. 401　　　　　C. 402　　　　　D. 13

二、判断题（每题1分，共8分。正确的打√，错误的打×）

1. 如果某数据结构的每一个元素都最多只有一个直接前驱，则必为线性表。（　）
2. 快速排序法在最好情况下的时间复杂度是 $O(n)$。（　）
3. 进栈、出栈操作的时间复杂度是 $O(n)$。（　）
4. 进栈操作时，必须判断栈是否已满。（　）
5. 一个有序的单链表不能采用折半查找法进行查找。（　）
6. 二叉排序树采用前序遍历可以得到结点的有序序列。（　）
7. 对长度为 100 的有序线性表用折半查找时，最小比较次数为 0。（　）
8. 对于二叉排序树，根元素肯定是值最大的元素。（　）

三、填空题（每题2分，共20分）

1. 数据结构有＿＿＿＿和＿＿＿＿等两种常用的存储结构。
2. 某算法在求解一个 10 阶方程组时，运算次数是 500，求解两个 30 阶方程组时，运算次数是 4500，则该算法的时间复杂度为＿＿＿＿。
3. 在一个长度为 n 的顺序表中插入一个元素，最少需要移动＿＿＿＿个元素，最多需要移动＿＿＿＿个元素。
4. 如果某有向图的所有顶点可以构成一个拓扑排序序列，则说明该有向图＿＿＿＿。
5. 如果指针 p 指向一棵二叉树的一个结点，则判断 p 没有左孩子的表达式为＿＿＿＿。
6. 一个数组的长度为 20，用于存放一个循环队列，则队列最多只能有＿＿＿＿个元素。
7. 无向图用邻接矩阵存储，其所有元素之和表示无向图的＿＿＿＿。
8. 一个具有 n 个结点的线性表采用堆排序，在建堆之后还要进行＿＿＿＿次堆调整。

四、简答题（共34分）

1. 写出线性表（26,4,12,25,30,6,15,20,16,2,18）采用二路归并排序算法排序后，第一趟和第二趟结束时的结果。（5分）
2. （1）给出下图所示森林的中序遍历的结果。（3分）
   （2）采用孩子—兄弟表示法将该森林转换为一棵二叉树。（2分）

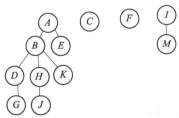

3. 设一有向图的逻辑结构为：(共 8 分)

$B=(K,R), K=\{k_1, k_2, \ldots, k_9\}$

$R=\{<k_1,k_3>, <k_1,k_8>, <k_2,k_3>, <k_2,k_4>, <k_2,k_5>, <k_3,k_9>, <k_5,k_6>, <k_8,k_9>, <k_9,k_7>, <k_4,k_7>, <k_4,k_6>\}$

（1）画出此图的逻辑结构图示。(2 分)

（2）画出此图的邻接表存储结构。(2 分)

（3）给出此图深度优先和广度优先遍历的序列。(4 分)

4. 设有一组关键字{19,01,23,14,55,20,84,27,68,11,10,77}，采用哈希函数为：$H(key)=key \bmod 13$，采用链地址法处理冲突。(共 8 分)

（1）设计此哈希表，画出哈希表的示意图；(4 分)

（2）若查找关键字 27，需要依次与哪些关键字进行比较？(2 分)

（3）求在等概率的情况下查找成功的平均查找长度。(2 分)

5. 用序列(30,15,28,20,24,10,12,68,35,50,46,55)中的元素，生成一棵二叉排序树。(共 8 分)

（1）试画出生成之后的二叉排序树。(4 分)

（2）假定每个元素的查找概率相等，试计算该二叉排序树查找成功和失败情况下的平均查找长度。(4 分)

五、程序填空题（共 15 分）

1. 以下是采用冒泡排序法对数组 a 进行排序，完成程序。(4 分)

```
bsort(int a[],int n)
{   int n,i,j,tmp;
    for(i=_____;i>=1;i--){
      for(j=1,j<=i;j++){
         if(_____) {tmp=a[j];a[j]=a[j+1];a[j+1]=tmp;}
      }
    }
}
```

2. 在单链表（表头指针为 head）的元素中找出最后一个值为 e 的元素，返回其指针；如果找不到，返回 NULL。完成以下程序。(6 分)

```
typedef struct LinkNode{
    int data;
    struct LinkNode *next;
} Node;
Node *search_link(Node *head, int e)
{
   Node *p,*q;
   q=_____;
   for(p=head; _____;p=p->next)
      if(p->data==e) _____;
      return q;
}
```

3. 下列算法是输出一棵二叉树第 i 层的所有结点的值，假设根结点是第 1 层。(5 分)

```
typedef struct LinkNode{
int data;
struct LinkNode *lchild, *rchild;
} Node;
void outi(Node *tree,int i)
{   if(tree==NULL)
       return;
    if(i==1)
    { cout<<tree->data<<endl;return; }
    outi(_____);
    outi(_____);
}
```

六、算法设计题（共 15 分）

1. 两个字符数组 s、t 中各放有一个串，编写算法，将所有 t 中有而 s 中没有的字符加到 s 中（逐个加到 s 的后面）。(8 分)

2. 已知顺序表的数据结构如下，编写算法，删除顺序表前面的 10 个元素。如果顺序表中的元素少于 10 个，则删完为止。(7 分)

```
typedef struct
{   int elem[100];
    int length;
} SQ;
```

二、模拟试题参考答案

模拟试题参考答案以电子档形式提供，请您扫描下方二维码查看，或在中国铁道出版社有限公司的教学资源平台（http://www.tdpresscom/5leds/）下载。

模拟试题参考答案